내면에서 울리는 소리에 좀더 귀를 기울이면
외부의 소리도 더 잘 들을 수 있다.

다그 함마르셸드 Dag Hammarskjöld

Walking along Sweden's Kungsleden
A message that portrudes from Nature itself along the King's Road

by Kim Hyo Sun

Sweden   스웨덴의

Kungsleden   쿵스레덴을 걷다

스웨덴의 쿵스레덴을 걷다

지은이 · 김효선
펴낸이 · 김언호
펴낸곳 · (주)도서출판 한길사

등록 · 1976년 12월 24일 제74호
주소 · 413-756 경기도 파주시 교하읍 문발리 520-11
　　　www.hangilsa.co.kr
　　　E-mail: hangilsa@hangilsa.co.kr

전화 · 031-955-2000~3　　팩스 · 031-955-2005

상무이사 · 박관순
총괄이사 · 곽명호 | 영업이사 · 이경호 | 경영기획이사 · 김관영
기획편집 · 배경진 서상미 김지희 홍성광
전산 · 김현정 | 마케팅 · 박유진
관리 · 이중환 문주상 장비연 김선희

CIP 출력 · 알래스카 커뮤니케이션 | 인쇄 · 현문인쇄 | 제본 · 자현제책

제1판 제1쇄 2012년 4월 5일

값 16,000원

ISBN 978-89-356-6203-6 03980

이 도서의 국립중앙도서관 출판시도서목록(CIP)은
e-CIP 홈페이지(http://www.nl.go.kr/ecip)와 국가자료공동목록시스템
(http://www.nl.go.kr/kolisnet)에서 이용하실 수 있습니다.
(CIP제어번호: CIP2012001484)

Sweden　　Kungsleden

스웨덴의
쿵스레덴을 걷다

'왕의 길'에서 띄우는 대자연의 메시지

김효선 지음

한길사

지도로 보는 쿵스레덴
아비스코에서 헤마반까지

STF 's Mountain Station 마운틴 스테이션

STF 's Mountain Hut 오두막

STF 's Hostels 호스텔

1. Abisko
2. Abiskojaure
3. Alesjaure
4. Tjäktja
5. Sälka
Nikkaluokta 니칼루오크타
6. Singi
Kebnekaise 케브네카이세
7. Kaitumjaure
8. Teusajaure
9. Vakkotavare
Suorva 수오르바
Vietas 비에타스
10. Saltoluokta
11. Sitojaure
12. Aktse
13. Pårte
14. Kvikkjokk
15. Vuonatjviken
16. Jäkkvik
19. Bäverholmen
17. Pieljekaise
18. Adolfström
20. Sinjultle
21. Rävfallsstugan
24. Servestugan
22. Ammarnäs
25. Tärnasjöstugan
23. Aigertstugan
26. Syterstugan
27. Viterskaletstugan
28. Hemavan
Tärnaby 테르나뷔

● 지도에 표시된 점선은 저자가 걷지 않은 구간이다

스웨덴의 쿵스레덴을 걷다

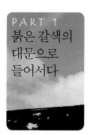

PART 4
쿵스레덴에
다시
올 수 있을까

Ammarnäs 암마르네스 ▶ Tärnaby 테르나뷔

장거리 도보여행의 열풍

prologue ■■■

인문학적 가치를 찾아 걷는다

요즘 걷기 열풍이 대단하다. 걷는 것이 목적인 여행이 새로운 트렌드가 되었다. 21세기 최첨단 디지털 세상에서 슬로 트래블링을 즐기는 것은 세계적인 현상이다. 이런 열풍은 시대의 흐름인 것 같다. 20세기 산업화 시대의 세대들은 빠르고 격동적인 삶을 살았다. 세계의 경제가 어려웠고 우리나라도 어느 시대 못지않게 격동의 시기였다. 이러한 격동의 시대를 살아온 세대들이 이제 중장년이 되었다.

예전에는 중장년을 회색빛 실버세대라고 했다. 뭔가 초라한 빛으로 쇠락한 느낌이 드는 세대였다. 그러나 예전과 달리 오늘날의 중장년들은 경제력과 지식, 건강한 몸을 가지고 은퇴한다. 그리고 인생 후반전을 꿈꾼다. 새로운 직업을 갖거나, 새로운 취미를 배우거나, 늘 꿈만 꾸어왔던 홀로 떠나는 여행에 관심을 기울인다. 그 홀로 떠나는 여행의 트렌드가 도보여행이다. 도보여행! 단순한 운동을 뛰어넘어 문화체험을 위해 걷는 것이 목적이 되는 여행을 즐기러 비행기를 서슴없이 탄다. 전화도 3G니 4G니 하는 최첨단 디지털 세상에 감성은 아날로그다. 그래서일까, 21세기를 감성문화 시대라고 한다. 세계적 인구분포에서 이러한 세대들이 절반 이상을 차지하고 있으며 오늘날 여행의 새로운 풍류인 장거리 도보여행을 이끌고 있는 주역들이다.

거슬러 올라가보면 8세기 통일신라 승려 혜초가 쓴 『왕오천축국전』도 도보여행의 결과다. 1500년 전 화랑들의 도보여행은 더욱 오래됐다. 신라의 화랑들은 하늘에 제사를 지내는 풍습을 따르고 심신수련을 위해 명산대천을 순례했다. 수도 경주에서 출발해 한반도 최고의 명산인 금강산으로 향하는 동해안 길은 화랑들에게 대자연의 장쾌한 기상을 온몸으로 느끼게 하는 호연지기의 길이었다.

조선시대에도 우리 조상들은 풍류를 즐기기 위해 명산대천을 떠돌아다녔다. 150년 전 방랑시인 김삿갓이 있었고 400여 년 전 송강 정철은 어명으로 감찰사가 되어 강원도 일대를 돌아다니다 「관동별곡」을 씀으로써 조선 최고의 가사 문학가가 되었다. 200여 년 전 단원 김홍도는 정조대왕의 어명으로 「관동팔경도」를 그리고자 길을 걸었다. 조선의 선비들은 교양과 예술창작을 위해 장거리 도보여행을 했던 것이다. 이것은 17세기 유럽의 명문 자제들이 2~3년간 유럽 대륙과 그리스, 이집트를 돌아다니며 교양을 쌓았던 그랜드 투어와 같을 것이다. 오늘날 유럽 여러 나라의 사회단체에서는 인성교육을 위한 프로그램으로 청소년들과 그랜드 투어 루트를 따라 도보여행을 하기도 한다.

　그러나 21세기 장거리 도보여행 열풍의 중심에는 에스파냐의 산티아고로 가는 길이 있다. 산티아고 가는 길은 예수의 12제자 가운데 한 사람인 야고보의 무덤이 있는 산티아고 데 콤포스텔라로 이르는 800km로 9세기 교황청으로부터 성지 순례길로 선포된 이래 1200여 년의 역사가 있다. 이 길은 세계문화유산의 길, 유럽의회 선정 첫 번째 유럽문화유산의 길로 선정된 곳이다. 이곳으로 세계에서 도보여행자들이 몰리고 있다. 은퇴 후 첫 번째로 가고 싶은 곳 제1위에 꼽힐 정도다.

　또 한 곳은 우리의 정서와 닮은 일본 시코쿠의 1,200km 길을 따라 88곳의 불교사찰을 순례하는 여정이다. 시코쿠 역시 자연과 역사, 축제가 어우러지는 특별한 문화체험을 할 수 있는 곳으로 소박한 현지인들이 건네는 뭉클한 감동 역시 빼놓을 수 없다. 이곳도 1200여 년의 역사를 자랑한다. 세계 곳곳에 아름다운 길은 많지만 비행기까지 타고 해외로 장거리 도보여행을 떠나려는 여행자들은 그저 아름다운 길을 찾아가는 것이 아니다. 그 길에 깃든 풍성한 역사와 문화를 찾아간다. 길이 하드웨어라면, 그 안에 담긴 소프트웨어의 재미를 찾아가는 것이다. 물론 다른 도보여행지도 마찬가지겠지만 산티아고와 시코쿠에 세계의 도보여행자들이 몰리는 이유는 그 길을 걸으며 접하게 되는 오랜 역사와 다양한 문화와 자연이 매력적이기 때문이다.

　장거리 도보여행에는 특별히 유익한 점이 많다. 우선 몸이 좋아진다. 이는 많은 텔레비전 프로그램을 통해 과학적으로 증명되었다. 내가 독일과 네덜란드에서 온 장거리 도보여행자와 함께 에스파냐 산티아고 길을 걸었을 때다. 독일에서 온 부부는 부인이 당뇨 환자로 인슐린을 맞으며 걸었는데 남편이 동행했다. 의사의 처방이었다고 한다. 네덜란드에서 오신 분 역시 당뇨병을 앓고 있었는데 은퇴 후 장거리 도보여행을 정기적으로 즐긴 덕에 이젠 정상이 되었다고 했다. 한국의 지인 가운데 신정재, 김정애 내외도 70세의 당뇨 환자임에도 산티아고를 두 번이나 다녀오셨다. 나 역시 콜레스테롤 수치가 290이었는데 정상이 되었다. 한 유명한 정신과 의사가 우울증에 내린 처방은 따뜻한 햇살 아래 두어 시간 정기적으로 걸으란 것이었다. 도보여행자들과 우울증은 거리가 멀다. 그렇지만 다이어트를 위해 걷는다면 별 효과가 없다. 여행지의 음식 문화를 즐기게 된다면 말이다.

도보여행은 두 발로 하지만 실은 진정한 마음으로 걷게 된다. 오랫동안 걷다보면 그동안 가져보지 못한 나를 돌아보는 귀한 시간들이 생기며 생각지도 못했던 많은 생각들이 정리정돈되는 경험을 하게 된다. 그렇게 걷다보면 절로 명상에 접어든다. 걷기의 고달픔은 같이 걷는 낯선 이들과 함께 겪는 고통을 나누게 한다. 위로를 주고받으며 친근해지게 되면 서로 다른 문화도 이해하게 되고 서로 닮아가는 것을 느끼며 함께 걷는 동반자로 사랑하게 된다. 언어가 잘 통하지 않는다고 걱정할 필요도 없다. 길에서는 함께 걷는 감성으로 소통할 수 있기 때문이다.

또한 걸을 때 인간의 뇌는 매우 창의적인 일을 한다고 한다. 그래서일까. 괴테, 루소, 니체, 베토벤, 워즈워스 남매 외에도 많은 예술가들이 도보여행을 즐긴 후 작품을 남겼다. 베르나르 올리비에르는 은퇴 후 터키 이스탄불에서 중국의 시안까지 12,000km를 걸은 뒤 『나는 걷는다』(전3권)라는 책을 썼다. 그 책의 수익금으로 쇠유협회 설립 비행청소년 재활 프로그램을 운영한다. 파울로 코엘료도 중년의 나이에 산티아고를 걷고 『순례자』『연금술사』와 같은 책을 씀으로써 세계적인 베스트셀러 작가가 되었고, 도보여행가 한비야 역시 많은 책을 썼다. 산티아고로 가는 길 800km를 걸어서 다녀온 많은 이들 또한 여행 에세이를 썼다. 나 역시 장거리 도보여행의 결과물로 이미 다섯 권의 책을 썼다. 이제 도보여행을 시작하는 사람들도 여행지의 문화, 역사에 대해 꼼꼼하게 미리 공부하고 여행을 즐긴다면 훌륭한 여행 에세이를 쓰거나 그림, 시 또는 사진을 남길 수 있을 것이다. 그러나 이런 것보다 더 귀한 결과물이 있다. 한 걸음 한 걸음 고단한 발걸음으로 나를 찾아가는 여행을 통해 무엇이든 해낼 것 같은 용기와 두려움 없이 도전하는 희망으로 가슴을 가득 채워 돌아와 거듭나는 삶으로 새롭게 인생을 살게 된다는 것이다.

모든 이의 영원한 로망 '홀로 떠나는 여행'

누구나 한번쯤 혼자 떠나는 여행을 꿈꾼다. 영화나 소설 속의 멋진 주인공처럼 근사하게 떠나는 그런 여행을 상상해보면서 말이다.

그러나 홀로 불현듯이 길을 나서기란 쉽지 않다. 내 경우 어려서는 얼른 결혼해 엄마의 단속에서 벗어나 혼자 떠나는 여행을 맘껏 해보리라 생각했지만 결혼은 부모님의 품속보다 더 자유롭지 않았다. 남편과 함께 새로운 부모와 가족이 생기고 또 아이를 낳게 되면서 의무와 책임이란 울타리가 결혼 전보다 더 단단하게 둘렸기 때문이다. 아이들을 낳고 기르는 동안 홀로 우아하게 떠나보리라던 꿈은 마음속에서 사라져갔다. 주부이자 워킹맘으로 늘 쫓기듯이 바쁘고 지치게 사느라 시간 가는 줄 모르고 지냈다.

아이들이 학교에 진학하고 잔손이 덜 가자 가끔 엄마라는 책임감과 무게감에서 잠시 벗어나 나만의 시간을 갖고 싶다는 꿈을 다시 꾸게 되었다. 그것은 엄마와 아내로서의 반란이 아니라 한번쯤은 나만의 시간을 온전히 갖고 싶은 본능이었을 것이다. 어쩌면 깊은 고독과도 같은 허전함인지도 모른다. 엄마에게는 자녀교육이 세상에서 가장 힘들고 중요한 일인 것 같다. 두 아이가 고등학교를 졸업하고 미국에서 대학을 다닐 무렵이 우리 가족에게 가장 힘든 시기였다. 어찌나 힘이 들던지 두 아이가 대학을 졸업할 때 내 등에 짊어진 무거운 짐을 내려놓는 기분조차 들었으니까. 물론 뿌듯한 보람과 함께 말이다.

드디어! 오랫동안 나를 위해 스스로 계획하고 준비한 꿈을 펼칠 때가 되었다. 모든 사람들의 영원한 로망, 홀로 떠나는 여행! 그렇지만 나의 이런 꿈은 어느 날 갑자기 이뤄진 것이 아니다. 오랫동안 준비를 했다. 특히 '엄마의 비자금'으로 처음에는 매달 3만 원씩 저

축을 시작했다. 그 뒤로 적립하는 돈을 조금씩 올리긴 했지만 소액의 정기적금을 꾸준히 들었다. 통장은 내게 꿈이고 위로고 격려였다. 아이들 유학비용을 송금하는 힘든 시기에도 포기하지 않았다. 물론 경제적으로 힘들 때 돈을 내놓고 싶고 자랑도 하고 싶은 갈등도 있었다. 3년 혹은 5년 정기적금이 만료되면 다시 적금을 들어가며 15년 동안 모았으니 적은 돈으로 시작된 여행자금이 제법 두둑해졌다. 언어는 아이들에게 영어를 직접 가르쳤기에 자연스레 준비가 되었다고 할까.

여행에 대한 나의 꿈은 어린 시절 읽었던 문학전집에서부터 시작되었다. 독일문학전집을 읽고 괴테의 작품 속 배경을 따라가는 여행과 음악기행, 러시아문학전집을 읽고는 시베리아 횡단열차를 타보는 여행, 영국문학전집을 읽고는 영국의 시골기행과 박물관 투어 그리고 식민지 개척의 루트를 따라가는 구체적인 여행 계획을 세웠다. 막연한 꿈은 쓸쓸하고 이루어지지 않는다. 나는 꿈을 이루기 위해 앞서 말한 것처럼 계획을 세운 뒤 한 발자국씩 움직였다. 여행을 떠나기 전 가족에게 내 오랜 꿈을 이야기했고 이해를 구하며 격려해주길 원한다고 했다. 모두 서운한 기색 없이 나의 용기를 북돋워주었다. 가족의 동의나 응원이 없어도 떠날 기세였으니 모양새를 갖추어주었는지도 모른다. 그리고 시작된 본격적인 여행이 어느새 9년이 되어간다.

'새로운 출발과 만남, 헤어짐이 이루어지는 기차역! 한 손에는 가벼운 여행 가방을 들고 어깨에 작은 숄더백을 걸치고 긴 머리 흩

날리며 조용히 기차에 오르는 여인. 귀에는 음악을 듣기 위해 이어폰을 끼고 홀로 창가에 앉아 가끔은 책을 읽고, 가끔은 한없이 창밖을 바라보는 사뭇 고독한 모습의 여인!' 하지만 현실의 나는 짧은 머리에 청바지를 입은 선머슴 같은 모습으로 배낭을 짊어지고 기차에 오른다. 이따금 독서와 사색을 즐긴다. 하지만 살림에 통달한 아줌마의 본색이 드러나 곳곳에서 온 여행자들과 수다 삼매경에 빠져 우아하게 고독을 즐기지 못하고 대륙을 종횡으로 누비는 장거리 기차여행을 주로 했다.

걷기 위해 여행하는 이들이 갈수록 많아지고 있다. 21세기 최첨단 디지털 세상에서 19세기쯤의 아날로그 방식으로 길을 걸으며 여행을 즐긴다. 장거리 도보여행을 통해 삶의 역사와 문화를 고스란히 느끼고 여행자들과 나누는 삶의 에피소드로 더 풍요롭고 따뜻해지는 인생길을 걷는다. 멋진 호텔 로비의 격식 있는 만남보다 북적거리는 배낭 여행자의 숙소에서 만나는 이들과의 대화가 더 즐거움을 배우면서 말이다. 나는 낯선 곳에 들어설 때의 가득한 호기심과 설렘을 즐긴다. 또한 도시 광장의 노천카페와 골목길에서 지나는 이들을 바라보는 여행자들의 반짝이는 눈빛을 볼 때 여행의 희열을 맛본다. 나의 호흡과 같은 리듬으로 천천히 길을 걸으며 여행을 즐기는 지금! 나는 참으로 행복하며 인생의 황금기를 보내고 있음을 느낀다.

강연장에서 만나는 젊은 엄마들이 조급한 마음으로 여행을 떠나고자 할 때 들려주는 말이 있다. 지금껏 살아보니 엄마는 가족 개개인의 삶에 큰 영향을 미치는 가장 중요한 배역임을 알게 되었다. 엄마는 결코 그 역할을 벗어날 수 없다. 한창 자라나는 자녀를 둔 엄마라면 물론 자녀를 위해서이기도 하지만 엄마인 그대 자신을 위해서 자녀들에게 시간과 정성을 기울이길 바란다. 훗날 그대가 홀가분하게 홀로 떠나는 여행을 꿈꾼다면 말이다. 지금은 망설임 없이 가족에게 투자하는 시기라고 생각해야 한다. 그러나 그대의 꿈을 위해서도 준비하고 투자하시길 바란다. 나는 뭐니 뭐니 해도 아이를 키웠던 순간들이 힘들었지만 가장 행복했다. 가족이 있기에 홀로 떠나는 여행도 꿈꾸는 것이 아닐까?

지금의 나는 멋진 체형의 몸매도 아니고 주름진 얼굴에 체력과 기억력이 떨어져도 다시 젊은 시절로 돌아가고 싶지는 않다. 중년의 시기는 삶의 멋진 황금기라 생각한다. 나는 내 딸들이 엄마가 되어 자녀 양육과 일로 지쳐 힘들 때 엄마를 기억하며 나도 세월이 흘러 엄마처럼 멋지게 삶을 보낼 수 있을 것이란 꿈을 갖도록 더욱 알찬 인생 황금기를 보낼 것이다. 인생은 되돌릴 수 없는 삶의 순례길이라고 생각한다. 독자 여러분도 인생에 한번쯤은 나를 찾는 도보 여행을 떠나보시길 권한다.

쿵스레덴, 야생으로의 초대

여럿보다는 소수정예로

어느 날 한 통의 전화를 받았다. 함일규 교수로부터였다. 음대 교수인 그는 안식년에 산티아고를 풀코스로 걷고 돌아오더니 도보여행에 푹 빠졌다. 그런데 최근에 독일 유학시절에 알게 된 친구가 그에게 쿵스레덴을 소개했다고 한다. 쿵스레덴은 스웨덴에 있는 트레일 코스인데 유럽인들이 꿈꾸는 도보여행지라면서 말이다. 독일어로 된 쿵스레덴 가이드북을 손에 쥔 함 교수는 분명 가슴이 설렜을 것이다. 그러나 설레는 그의 마음에 태클을 거는 요소가 있었다. 다름 아니라 그것은 산티아고가 도보여행자들에게 마치 자동차의 고속도로와 같이 편한 길이지만 쿵스레덴은 유럽의 마지막 황무지로 야생의 코스이기 때문에 홀로 선뜻 나서기가 어렵다는 점이었다. 산티아고를 다녀온 기록들이야 넘쳐나지만 쿵스레덴을 다녀온 기록들은 좀처럼 찾을 수가 없었기 때문에 난감해져 쉽게 혼자 길을 떠나기 어려웠던 것이다. 그리하여 내게 쿵스레덴을 함께 가자는

'콜'을 했다. 그는 내게 이런 제안을 하기 전에 주변 친구들에게도 같이 가자, 권유했지만 대답은 모두 "오, 노!"였다고 한다. 그러나 나는 그의 '콜!'을 즉각 받아들이고 일사천리로 준비했다.

우리 두 사람은 야생의 생활을 해보지 않았다. 그러니까 깊은 숲속에서 벌어질지 모르는 어떤 위험한 상황들에 대처할 능력이 없다. 해서 그런 경험이 많은 사람을 한두 분 정도 초대하기로 했다. 내 주변에는 "같이 도보여행 갑시다!"라고 제안하면 "나도 콜!" 하며 동행할 사람들이 두 줄로 설 정도로 많다. 그러나 이번 여행은 여럿이 가는 것보다 정예요원으로 생각하는 네 명 정도만 함께 하기로 했다. 그 가운데 두 분에게 문자를 드렸다. 대답은 모두 "오케이!" 그 두 사람 가운데 한 분은 험한 여정도 즐기는 성격으로 이미 산티아고를 다녀오신 이지송 감독님이셨고 또 한 분은 아프리카며 히말라야며 산과 정글을 돌아다녔다고 늘 자랑스럽게 얘기한 K란 친구다.

일은 척척 진행되었다. 인터넷을 통해 자료를 구하는데 쿵스레덴과 관련된 책들은 독일어나 스웨덴어로 씌었고 종류도 많지 않았다. 그래서 좀더 자료를 구하고 싶은 마음에 네덜란드에 있는 친구 얀에게 자료가 되는 책을 구해줄 수 있는지 부탁했다. 얀은 쿵스레덴에 관련된 책은 조사해본 결과 영어 가이드북 단 한 권밖에 없었다며 보내주었다. 내 딸도 그 책을 구해서 서울로 보내주었다. 동시에 가이드북 두 권이 생겼다. 책을 받고는 매일 읽고 코스에 대한 공부를 했다. 함 교수는 독일 친구가 보내준 독일어로 된 책을 공부했고 우린 서로의 정보를 모아 자료를 보강했다. 그리고 난 구글 지도를 통해 쿵스레덴의 코스를 들여다보고 사진을 찍어 자료화했다. 쿵스레덴 코스의 고도와 오두막 정보가 들어간 지도를 그려가며 일정표도 짰다. 아울러 스웨덴의 역사와 문화, 지리적 특성에 대해서도 공부하며 준비했다.

여행을 떠나기 8일 전 함 교수가 문자와 함께 사진 한 장을 보냈다. 새벽에 화장실을 가다 미끄러져 다쳤다는 비보를 전하며 상처 입고 부어오른 얼굴 사진을 보낸 것이다. 아! 어찌하여 이런 일이. 여행을 가고 못 가고를 떠나서 그 정도의 상처로 끝난 것이 다행이란 생각이 들었다. 자 그럼, 이번 여행을 어떻게 할 것인지 잠시 고민이 됐다. 스톡홀름에서 합류하기로 한 K는 이미 출국해 다른 곳을 여행 중이었다. 함 교수는 상처를 꿰매고 빠른 회복을 위해 두문불출하며 꼬박 누워 지내면서 쿵스레덴에 간다는 의지를 굽히지 않았다. 아마도 이번 여행이 자신으로 인해 무산될까봐 나름의 의리와 책임감으로 그러는 것 같았지만 지극히 염려스러웠다. 함 교수는 늘 개그맨도 웃어 넘어질 문자로 유쾌함을 전하면서 쿵스레덴에 기어이 가겠다고 했다. 같이 가기로 한 이 감독님은 새로운 작품 준비로 시간이 없어 다음 기회에 함께 가기로 했다. 드디어 2011년 6월 마지막 주 겨우 몸을 추스린 함 교수와 모든 준비를 마친 나는 쿵스레덴에 대한 설렘을 가지고 서울을 떠났다.

쿵스레덴을 소개합니다

prologue ■■■

쿵스레덴의 역사

저 멀리 유럽의 북쪽에 노르웨이, 스웨덴, 핀란드가 사이좋게 어깨동무를 하고 있는 스칸디나비아 반도가 있다. 그 세 나라 가운데에 스웨덴이 있다. 위로는 북극의 바렌츠 해를 노르웨이가 살짝 덮어주듯이 감싸고 있으며 서쪽 내륙은 스칸디나비아 산맥을 경계로 노르웨이와 국경을 이루고, 오른편 북동쪽으로는 길고 긴 토르네 강을 핀란드와 사이좋게 나누어 쓰며 반도의 중심 동쪽으로는 발트 해의 보트니아 만을 경계로 핀란드를 마주 보고 있다. 스톡홀름 아래 남동쪽으로는 발트 해를 경계로 에스토니아, 라트비아, 리투아니아, 러시아, 폴란드, 독일과 사이를 두고 있다. 스웨덴의 남쪽 아래로는 카테가트 해협과 말뫼의 앞바다인 외레순 해협이 있다. 외레순 해협에 놓인 대교를 건너 기차와 자동차로 20~30분이면 덴마크의 코펜하겐으로 갈 수 있다.

스웨덴의 면적은 한반도의 두 배 크기로 매우 넓다. 스웨덴의 가장 북쪽에 노르보텐Norrbottens 주가 있다. 그 노르보텐 주의 내륙에 위치한 라플란드Lappland 지역에 쿵스레덴이 자리한다. 라플란드 지역은 1996년 유네스코에서 세계자연유산과 문화유산 지역으로 복합 지정했다. 지리학적 · 생물학적으로 의미 있는 생태 진행과정을 간직한 때 묻지 않은 자연경관과 순록을 유목하며 선사시대부터 살아왔다는 소수민족인 사미 족의 삶의 방식을 가치 있게 보존하기 위해서다. 쿵스레덴은 이 라플란드 지역에서도 가장 끝에 있는 아비스코Abisko란 작은 마을에서 출발하여 남쪽으로 쭉 뻗어 내려와 헤마반Hemavan까지 이어지는 트레일 코스다. 마지막 유럽의 야생 지대인 이곳에 트레일 코스가 생긴 것은 1800년대 후반이다. 도보 여행지로 유명한 에스파냐의 산티아고 가는 길이나 일본의 시코쿠 88사찰 순례길의 출발이 9세기였으니 그 길들에 비하면 쿵스레덴의 역사는 이제 시작된 것이나 다름없다.

지금으로부터 약 100년 전 스웨덴관광협회Svenska Turistföreningen의 총재 로우이스 아멘Louis Ameen은 러시아 황제에 의해 개통된 모스크바와 상트페테르부르크 사이에 놓인 기차 철로(1851년 개통)를 보고 영감을 얻었다. 그리하여 스웨덴관광협회(이하 STF)는 아비스코에서 크비크요크Kvikkjokk 사이의 가장 아름다운 지역에 모스크바와 상트페테르부르크 간의 철도노선처럼 트레일 코스를 만들기 시작했다. 지나는 길의 늪지나 덤불숲과 돌길 위에는 두꺼운 자작나무 널빤지를 철길처럼 깔아놓았다. 오두막을 지어 숙소를 마련하고 수많은 호수를 건널 수 있는 배를 준비했다. 길은 더 확장

되어 북쪽의 아비스코에서 크비크요크를 지나 남쪽의 헤마반까지 430km에 이르게 되었다. 이 트레일 코스가 지금의 쿵스레덴 kungsleden, the king's trail이다. 스웨덴어로 kungs는 왕을 의미하고, leden은 자연 속에 있는 사람이나 짐승에 의해 잘 다져진 길을 말한다.

왜 왕의 길이라 했을까

쿵스레덴은 왕의 명령이나 제안에 의해 설립된 것도 아니고 왕이 몸소 이 험한 길을 걸은 것도 아니다. 여행 중간에 살토루오크타 Saltoluokta의 숙소 벽면에 현재의 왕인 칼 구스타프 16세의 할아버지 되는 구스타프 5세가 배를 타고 온 장면이 찍힌 커다란 흑백 사진이 걸려 있는 것은 보았지만. 그 왕이 쿵스레덴을 걸었는지에 대한 기록은 없다.

세상 곳곳에는 왕의 길이 많다. 그 기원은 고대 페르시아제국에서 찾을 수 있다. 기원전 5세기경 페르시아의 다리우스 1세는 수사에서 사르디스까지 왕명을 하달하기 위한 길을 만들었다. 제국을 다스리기 위해 통신과 공납품이 오가고 병력을 신속히 이동하여 반란을 제압하기 위한 목적에서 출발한 도로였다. 로마제국은 이 페르시아의 왕의 길을 더 발전시켜 '모든 길은 로마로 통한다'는 로만 로드를 만들었다. 그런데 이 북극권, 사람이 거의 살지 않으며 1년에 200일 이상이 눈 덮인 황야지대인 길의 이름을 왜 하필이면 왕의 길이라 했을까? 입헌군주국이라서일까? 러시아 황제에 의해 건설된 철도에서 받은 영감으로 만든 길이라서? 아니면 이 길을 걷는 모든 이들이 왕의 위엄을 갖고 걸으라는 의미? 글쎄, 궁금함에 대한 답은 얻지 못했다.

어찌되었건 뜻을 풀이하면 왕의 길이지만 STF에서는 로열 트레일Royal Trail이라고 불리기를 원한다. 귀족의 길이라. 그건 또 왜? 예전에 이 길을 걷기 위해서는 많은 경비가 들었다고 한다. 아마도 이곳을 걸으려면 돈이 많아야 했을 것이고 스포츠와 모험심을 즐기는 이들이라면 유럽의 귀족들이었을 것이다. 그래도 로열 트레일은 모양 빠진다. STF에서 공식적으로 발행하는 안내 소책자에서도 왕의 길로 소개한다. 앞으로 나도 이 명칭을 사용할 것이다.

스웨덴은 국토의 55%가 삼림지대이고 호수가 9만 6,000개라고 한다. 쿵스레덴을 따라 걷는 동안 잡목 숲은 물론 바위가 부서져 흩어진 길, 크고 작은 호수와 시냇물을 건너며 자작나무와 전나무 숲을 지나고 고봉준령에 눈 녹은 물이 폭포가 되어 흐르는 넓디넓은 계곡을 통과한다. 쉽게 만나기 힘든 야생화를 비롯해 작은 물떼새에서 날개를 펼치면 사람 키만큼 크다는 검독수리까지 400여 종의 새들이 사는 곳. 곰, 늑대, 시라소니, 족제비, 엘크와 순록이 살며 셀 수 없이 많은 귀여운 레밍이 이곳저곳 분주하게 떠돌아다니며 사는 곳이 쿵스레덴이다. 아! 낚시꾼들이 환호성을 지를 물고기들이 빠졌군.

눈 덮인 쿵스레덴의 한겨울은 매우 위험하다. 쿵스레덴에 잔설이 남아 슬금슬금 녹아가는 계절, 도보여행자들은 한발 한발 느린 걸음으로 몸의 엔진을 가동시키며 거친 호흡과 땀을 흘리며 자작나무 널빤지 길을 걸어간다. 마치 증기기관차가 철로 위를 달리듯이. 겨울스포츠를 즐길 수 있는 가장 좋은 시기는 3~4월이다. 크로스컨트리 스키를 즐기거나 스노모빌이나 개썰매를 타고 질주할 수 있다. 1500~1700m 이상의 산꼭대기에서 내려오고 싶다면 헬기택시를 이용할 수 있다. 한 시간이 넘도록 완만한 곡선의 길고 긴 산자락을 타고 계곡으로 내려올 수도 있다.

자! 이쯤에서 나는 대자연 속을 통과하는 멋진 트레킹 코스인 쿵스레덴을 새로운 곳에 대한 호기심과 도보여행을 즐기는 이들에게 아낌없이 추천한다. 여러분 자신의 삶 속 그 고유한 왕국의 왕이 되어서 왕의 길 쿵스레덴을 걸으며 자연의 고귀함을 즐겨보길 바란다.

PART 1

붉은 갈색의
대문으로
들어서다

Abisko 아비스코 ▶ ▶ ▶
▶ ▶ ▶ ▶ Singi 싱이

아비스코행 야간열차

스톡홀름에서 출발하다

서울에서 출발한 나와 함 교수 그리고 먼저 서울을 떠나 유럽을 떠돌다가 온 K. 우린 저녁 무렵 스톡홀름의 호스텔에서 만났다. 스톡홀름은 쿵스레덴을 다녀와 둘러보기로 했다. 다음날 스톡홀름에서 반나절을 보낸 뒤 가벼운 설렘으로 출발시간보다 30분 전에 역에 도착했다. 쿵스레덴의 북쪽 출발지 아비스코로 가는 기차는 스톡홀름 중앙역에서 탄다. 우리가 타는 야간열차의 정식 출발시간은 17/52분이다. 아비스코 투어리스트 스테이션에 도착하는 시간은 다음날 11/42분이다. 그런데 열차 출발시간이 지났는데도 아무런 안내방송이 나오지 않았고 역무원도 보이지 않았다.

기차의 도착이 지연되는 이유가 궁금하여 이 사람 저 사람에게 물어보았지만 모두 이유를 모른 채 기다리고 있었다. 그것도 아무런 항의나 불평하는 말 없이 말이다. 이런 일이 자주 일어나는지 물었지만 그렇지는 않다고 한다. 조용히 기다리는 이들이 내겐 신기하게 보였다. 한 시간 30분이나 연착한 기차는 도착 플랫폼까지 변경됐다. 승객들은 허둥지둥 변경된 플랫폼으로 이동해 차량에 오를 뿐 누구 하나 열을 올리며 항의하는 모습은 없었다. 군중의 흥분은 전염되는 것이다. 누군가 불평하며 열을 올리면 참았던 짜증이 함께 폭발해 왜 열차가 지연됐는지 삿대질을 하며 어쩌면 멱살을 잡을지도 모른다. 그러나 기차를 기다리는 승객들은 차분히 배낭을 벗어놓고 음악을 듣거나 장난을 치거나 책을 읽으며 기다렸다.

나는 유럽대륙과 북미대륙, 시베리아 횡단 여행을 하면서 7일 혹은 3~5일 정도 걸리는 장거리 열차여행을 해보았다. 장거리 노선의 열차는 아무런 예고 없이 또는 짧은 안내를 하고 마냥 늦어지는 경우가 있었다. 그러나 그때마다 승객들이 항의하는 경우는 보지 못했다. 장거리 기차를 타는 사람들은 "뭐 이 정도쯤이야" 하며 체념이 빠른 걸까. 아니면 인내심이 강한 걸까. 나도 이제는 열차의 지연에 조금은 익숙해졌다. 그러나 우리가 타는 야간열차가 달리는 거리는 장거리에 속하는 것도 아니다. 스웨덴 남쪽에 있는 말뫼에서 출발했거나 코펜하겐에서 출발한 기차일 것이다. 그렇다면 약 1,600km 정도를 달리는 셈이다. 내가 타는 구간은 저녁에 올라타서 하룻밤 자고 나면 오전에 목적지에 도착하는 정도의 거리다.

기차에는 배낭족들이 많았다. 쿵스레덴을 걷기 위해 가거나 사렉 국립공원Sareks Nationalpark 혹은 스웨덴의 최고봉 케브네카이세 Kebnekaise 산으로 등산 가는 이들이 많은 것이다. 우리가 머물 침대

아비스코로 가기 위해 들렀던 스톡홀름 중앙역.
기차의 도착이 지연되었지만 모두 이유를 따지지 않고
조용히 기다리고 있었다.

칸은 6인용이었다. 이 침대차를 예약하기 위해 참으로 애를 먹었다. 스웨덴 국철 예매 사이트에는 우리나라 국가 코드가 입력되지 않았기 때문이다. 며칠 동안 예약을 위해 인터넷에 매달리다 결국 미국에 있는 딸이 대신 해주었는데 딸 역시 힘들게 예약했다고 한다. 예매 사이트 덕분이라고 해야 할까. 모든 비용을 딸이 지불했고 난 선물로 티켓을 받았으니 말이다.

우리 일행 세 명과 엘리바레Gällivare로 가는 젊은 남녀 커플 그리고 중학생 정도의 소년이 같은 침대칸에 탔다. 각자 침대에 걸터앉으면 무릎이 부딪힐 것 같은 좁은 차 안에서 인사 없이 지내기가 더 어색하다. 쿵스레덴으로 떠나는 이방인의 호기심과 유쾌한 음성으로 인사를 건넸다. 모두들 차 안에서 먹을 약간의 저녁 간식과 와인을 사온 터라 음식을 권하며 조금씩 이야기가 시작되었다. 젊은 남자는 여자 친구 부모님이 사는 엘리바레로 가는 중이라고 한다. 이야기를 꺼내기 전에는 여느 북유럽인처럼 서늘해 보이는 표정을 짓고 있지만 이야기를 나누게 되면 조금은 푸근해진다. 젊은 커플은 우리가 쿵스레덴에 간다고 하니 이곳의 젊은이들은 보통 군대 가기 전 또는 다녀와서 쿵스레덴에 간다고 한다. 예전에는 스웨덴에도 징병제도가 있어서 젊은이라면 누구나 의무적으로 군대를 약 1년간 다녀와야 했는데, 2010년 7월부터는 모병제가 되면서 많은 여성들이 군대를 간다고 한다.

우리가 이런저런 대화를 나누는 동안 어린 소년은 잔뜩 경계를 품은 듯 웅크리고 말 없이 컴퓨터 게임에 빠져 있었다. 우리 일행은 잠자리를 정돈하고 젊은 커플에게 방해가 되지 않도록 열차 내에 있는 바로 갔다. 바에는 많은 사람들이 자리를 잡고 있어 앉을 곳이 없었다. 우리는 서서 술을 마시며 자리가 나오길 기다렸다. 마침 할 아버지 내외가 앉아 있는 곳에 자리가 생겨 그리로 앉았다. 노부부는 스톡홀름에 사시는 분들로 말뫼의 여름 집에서 지내다 노르웨이 나르빅Narvik에 사는 친척집에서 열리는 파티에 가는 중이라고 한다. 우리의 화두는 당연히 쿵스레덴이다. 할아버지는 몇 년 전에 아들과 함께 쿵스레덴에 갔는데 잔잔한 물길을 건널 때 아들이 시원함을 즐기려고 신발을 벗어 배낭에 걸고 맨발로 가다 그만 신발을 잃어버렸다고 한다. 신발을 얻어 신을 때까지 6km를 양말만 신고 가느라 고생을 한 아들은 다시는 쿵스레덴을 가지 않겠노라고 했단다. 그런데 맘을 바꿔 올 9월에 아버지를 모시고 다시 쿵스레덴을 가겠다고 해서 할아버지는 매우 흡족한 마음으로 아들과의 여행을 기다리는 눈치다.

할머니는 쿵스레덴은 모기로 악명이 높으니 내게 머리에 쓰는 모기 망을 반드시 준비하라고 한다. 두 분께 기차가 지연된 것에 대해 물으니 말뫼에서부터 늦어졌는데 통상적인 것은 아니라며 철도회사에 자료첨부를 해서 편지를 보내 지연된 것에 대한 보상을 청구하라고 했다. 그러면 일부 보상을 한다는 것이다. 두 분은 평창 동계올림픽 소식도 알고 계셨다. 평창이 서울에서 얼마쯤 떨어져 있는지, 동계올림픽을 열었던 적이 있는지 물어보며 개최지로 확정되기를 바란다고 했다. 그리고 한국이 전쟁에서 회복되어가는 모습을 보는 일이 즐겁다고 하셨다. 한국전쟁을 기억하는 연세가 지긋하신 분들은 특별한 관심을 가지고 한국을 바라보는 것이다.

여왕의 기분으로 즐기리라

적당하게 취기가 오른 이들로 북적거리는 바에서 침대칸으로 돌아와 이내 잠이 들었다. 기차는 키루나^{Kiruna}를 거쳐 아비스코 투어리스트 스테이션까지 운행되는 것이지만 철로에 문제가 생겨서 모두 키루나에서 내렸다. 차를 바꿔 타는 시간이 아침이어서 다행이다. 바에서 대화를 나누던 할아버지 내외도 나르빅까지 불편한 버스로 가시게 되었다. 우리는 아비스코에서 내렸는데 버스 안에서 할머니는 내게 모기 망을 꼭 준비하라는 듯 모기 망을 뒤집어쓰는 흉내를 내시면서 작별인사를 해주셨다. 예정보다 두 시간이나 늦게 스웨덴의 북쪽 끝에 있는 아주 작은 동네 아비스코에 도착했다.

아비스코에 도착한 사람들은 산을 오르든 산허리를 끼고 걷든 모두 도보여행자들이다. 어떤 이들은 버스에서 내리자마자 바로 배낭을 메고 쿵스레덴으로 떠났다. 아마도 여기서 13km 정도 거리에 있는 아비스코야우레로 가거나 그 중간쯤에서 텐트를 칠 것이다. 열차의 바에서 젊은이들과 함께 술을 마시던 한 할아버지는 익숙하게 배낭 무게를 측정하는 곳으로 가셨다. 궁금해 따라가니 할아버지의 배낭은 28kg이었다. 그분은 세 번이나 쿵스레덴을 걸었는데 이번에는 한 달 정도 쿵스레덴의 산 주변에서 머물며 멀리 걷지 않고 낚시를 즐기고 쉬면서 보낼 것이라 한다. 긴 기차여행에 지쳤을 법도 한데 잠시의 휴식도 없이 길 떠나기를 재촉했다. 28kg의 무게는 무리일 텐데. 키는 크지 않지만 다부진 모습의 할아버지. 하얗게 세어버린 짧은 금발의 머리를 쓱쓱 손으로 빗고 배낭을 짊어지더니 웃으며 떠나신다. 언제 길에서 뵐 수 있을는지.

아비스코의 숙소는 마운틴 스테이션이다. 쿵스레덴의 북쪽 관문에 있는 STF에서 운영하는 숙소다. 마운틴 스테이션은 쿵스레덴 구간에 몇 곳이 있는데 규모가 크고 편의시설이 잘 갖춰져 있다. 기본적으로 레스토랑과 바가 있고 상품을 파는 곳이 있으며, 숙소에 사우나와 따뜻한 물이 나오는 목욕시설이 있다. 전기와 통신이 가능하고 차량이용도 할 수 있다. 도보여행자들은 마운틴 스테이션에서 여행을 출발하거나 마치게 된다. 숙소를 이용할 때 STF 회원증이나 유스호스텔증이 있으면 할인받을 수 있다. 회원이 아니면 100크로나(2012년 3월 2일 기준, 1크로나는 약 168원)를 더 내야 한다. 안내 데스크에서 숙박신청을 하니 회원인지 묻고 방을 내주었다. 여러 날을 머물 사람들이 회원증 없이 오지는 않았을 것으로 믿기 때문이다.

우린 이곳에서 하루를 머물고 필요한 것을 보충한 뒤 내일 떠날 것이다. 밖은 촉촉하게 안개비가 내렸다. 숙소에 짐을 놓고 벅차오르는 호기심으로 밖을 둘러보니 높은 산의 정상 부분에는 잔설이 많이 남아 있고 산자락을 타고 눈 녹은 물들이 폭포를 이루며 떨어지고 있다. 호수와 산 그리고 계곡에 흐르는 강물. 흠뻑 젖은 자작

아비스코 마운틴 스테이션.
숙소에 걸린 STF의 깃발이 펄럭인다. 그 묵중하게 펄럭이는 깃발 소리가
내 심장의 두근거림으로 전이되어 또 다른 세계로 안내하는 팡파르를 울리는 것 같다.

나무 숲. 높이 솟은 깃대 위에 스웨덴 관광협회인 STF 깃발이 펄럭인다. 그 묵중하게 펄럭이는 깃발 소리가 내 심장의 두근거림으로 전이되어 또 다른 세계로 안내하는 팡파르를 울리는 것 같다. 이제 나는 온전히 나만의 왕국을 건설하며 그 왕국의 기꺼운 순례자로 또 멋진 여왕으로 이 길을 즐기며 걸을 것이다. 하루를 마감하며 나는 여왕의 품위를 흉내 내어 코끝을 살짝 들어 올리며 우아하게 남쪽을 향해 미소를 보냈다.

🏨 숙소정보

STF Abisko Mountain Station

- 숙소안내: www.svenskaturistforeningen.se/abisko
- 전화: +46(0)980 402 00 | 팩스: +46(0)980 401 40
- 침대: 300개, 다양한 형태의 방과 2~6명이 사용할 수 있는 코티지도 있다. 공용 부엌, 샤워실, 화장실, 남녀 분리된 사우나, 옷을 말리는 방이 따로 있으며 상점에서 간단한 식료품과 등산지도, 등산에 꼭 필요한 물품을 판매한다. 스키와 등산장비를 빌릴 수 있으며 등산 가이드도 신청할 수 있다. 레스토랑이 있어 친환경음식을 제공한다. 술도 판매한다.
- 사용료: 회원 200크로나 | 비회원 300크로나.

숙소 　　　이용료	성수기	비성수기	
2인용 방	790크로나	690크로나	비회원+100크로나
침대(여럿이 쓰는 방)	260크로나	240크로나	비회원+100크로나

* 조식 뷔페를 즐길 것을 권한다. 90크로나.
  앞으로 먹게 될 인스턴트 음식을 생각하면 마운틴 스테이션에서 먹는 조식은 훌륭하며 가격도 적당하다.
* 전기, 통신, 무료 와이파이 사용 가능.

뽀얀 자작나무 널빤지 길을 걷다

아비스코Abisko ◐ 아비스코야우레Abiskojaure

20kg 배낭을 메고

이른 아침 그러니까 시간상 이른 아침이다. 백야로 인해 24시간 해가 떠 있으니까 말이다. 느긋하게 움직이자는 제안에 서두름 없이 아침을 먹고 배낭을 꾸려 나왔다. 궁금한 배낭의 무게. 나는 20.5kg, K는 21kg, 함 교수는 17kg이다. 각오는 단단히 했지만 헉! 소리 나는 무게다. 아비스코 숙소를 지나 모퉁이를 돌면 붉은 갈색의 쿵스레덴 대문을 만나게 된다. 구글 지도를 통해 보았던 그 모습이다. 드디어 붉은 대문을 지나 오랫동안 준비한 쿵스레덴으로 들어선다. 설레는 마음에 가슴이 뛰었다.

날씨는 흐리지만 길을 떠나는 마음은 맑음이다. 자작나무 숲길을 따라간다. 도보꾼들의 발걸음으로 잘 다져져 있어 길을 잃을 염려는 없다. 제일 먼저 눈에 띄는 것은 빨간 X표로 된 표지판이다. 빨간색은 푸른 숲 속에서도 잘 띄지만 눈이 덮인 들판에서도 잘 보인다. 긴 장대 끝에 직사각형 X표가 달려 있는 것은 겨울에 눈이 그 정도 높이까지 쌓인다는 뜻이다. 빨간 X표시는 겨울 트레일 코스를 나타낸다. 나무나 돌에 오렌지색을 칠하거나 돌무덤들을 만들어놓은 것은 여름 트레일 코스를 의미한다. 겨울코스와 여름코스는 대부분 함께 있다. 가끔 코스가 분리되기도 하는데 이때 겨울코스로 접어드는 길은 지면에 풀이 무성하며 덤불숲이다. 최근에 사람들의 발길이 닿지 않았기 때문이다.

아비스코야우레로 가는 길은 자작나무 숲을 지나 아비스코 강을 따라간다. 아비스코 강물은 아비스코야우레(야우레는 스웨덴어로 호수를 뜻함)에 이르는데 그곳이 오늘의 목적지다. 물이 잘박잘박 고인 곳은 자작나무 널빤지로 길을 이어놓았으며 작은 실개천에는 나무다리를 놓고 넓은 강 위로는 든든한 철제 현수교가 있다. 쿵스레덴의 여름은 모기로 악명이 높아서 이곳을 피의 반도라고 부를 정도다. 어젯밤 기차에서 모기 망을 사라고 강조하셨던 할머니 말씀대로 모기약과 모기 망을 샀다. 쿵스레덴에 들어서 숲을 지나고 올망졸망 흩어진 예쁜 습지가 나오자 이내 모기 망을 뒤집어 써야만 했다. 산모기에 물리면 어찌나 가렵던지.

아비스코 강가에서 젊은 아가씨 둘을 만났다. 아침식사로 오트밀을 먹고 있었는데 그녀들은 어제 우리와 같이 아비스코에 도착했다. 두 아가씨는 아비스코에 머물지 않고 바로 길을 떠나 이곳에다 텐트를 치고 잠을 잔 것이다. 텐트를 펼친 자리는 비나 눈이 내릴 때 피난하도록 마련한 작은 쉼터가 있는 곳인데 가까이에 화장실도 있었다. 이들은 대학생인데 영국 아가씨와 영국에 유학을 온 인도

아비스코 숙소를 지나 모퉁이를 돌면 붉은 갈색의 쿵스레덴 대문을 만나게 된다.
구글 지도를 통해 보았던 모습 그대로다. 드디어 붉은 대문을 지나
오랫동안 준비한 쿵스레덴으로 들어선다. 설레는 마음에 가슴이 뛰었다.

빨간 X표로 된 표지판을 처음 만났다.
빨간색은 푸른 숲 속에서도 잘 띄지만
눈이 덮인 들판에서도 잘 보인다.
긴 장대 끝에 직사각형 X표가 달려 있는 것은
겨울에 눈이 그 정도까지 쌓인다는 뜻이다.

아가씨였다. 예쁜 두 아가씨가 겁도 없이 텐트를 치고 산중에서 잔 것이 대견했다. 이들의 최종 목적지는 살토루오크타다. 이 씩씩한 두 아가씨는 계속 텐트에서 잠을 자면서 여행할 것이란다. 식료품은 지나는 오두막의 가게에서 구하면 되기 때문에 어려움은 없는데 제발 비가 내리지 않았으면 좋겠다며 웃는다. 그녀들이 짊어진 배낭 위로 비가 내리지 않기를 빌어주며 헤어졌다.

느릿느릿 혼자서 걷는 한 여인이 눈에 띄었다. 그 여인의 배낭 또한 어찌나 무거워 보이던지. 함께 배낭을 내려놓고 쉬며 이야기를 나누었다.

"배낭이 만만치 않게 보이는데요? 제 것은 20.5kg이에요."

"내 것도 측정하지는 않았지만 그 정도 해요."

"스웨덴 분이세요? 전 한국에서 왔어요. 물론 사우스코리아죠. 서울에 삽니다."

"난 남아프리카공화국에서 왔어요. 케이프타운이 고향이에요."

"와우! 세상에. 저만큼 아니 저보다 더 먼 곳에서 오셨네요."

"남아공에서 바로 왔다면 그렇겠죠. 그런데 지금은 스톡홀름에 살아요. 대학에서 환경학을 강의합니다. 그런데 한국에서 이곳을 어떻게 알고 왔어요?"

"네. 저는 특별한 도보여행지를 찾아다니는 것을 즐기죠. 그러다 우연히 알게 되었어요."

"전 니칼루오크타Nikkaluokta로 갑니다."

"전 갈 수 있다면 쿵스레덴 전체 구간의 끝인 헤마반까지 가는 게 목표예요."

"대단하시네요. 목표까지 완주하시길 바라요."

그녀는 배낭의 무게 때문에라도 자주 쉬어야 하겠지만 망원경으로 주변 곳곳을 살피며 가느라 나와 멀어져 갔다. 그러나 나는 함께 출발한 K가 잰걸음으로 나보다 훨씬 앞서 갔고 아직 부상이 회복되지 않은 함 교수도 앞서 갔기에 이들과 너무 떨어지지 않도록 부지런히 걸었다. 초행길이며 경험해보지 않은 대자연 야생의 길이라 많은 염려를 했다. 때문에 만일 길을 가다 위험한 상황이 생긴다면 도움을 주고받을 수 있을 만큼의 거리에서 걷기 위해 내 호흡에 부담이 되도록 걸어야 했다.

얼마쯤 갔을까. 길 위에서 점심식사를 하는 핀란드 여인 둘을 만났다. 그녀들은 뜨거운 물을 붓고 5분 정도 지나면 먹기 좋게 되는 파스타를 먹고 있었다. 이들의 가방은 가볍다. 아비스코 마운틴 스테이션에 머물며 왕복 10km를 걷는 중이기 때문이다. 이 여인들처럼 뜨겁게 끓인 물을 보온병에 담아와 비상용 식품과 커피나 차를 마시며 산책하는 이들을 이 구간에서 종종 볼 수 있었다.

다그 함마르셸드Dag Hammarskjöld, 1905~61의 「명상록」이 새겨져 있는 곳을 지났다. 이분은 스웨덴의 외교관으로 능력과 덕망 있는 비정치적인 관료로 잘 알려져 있다. 미국의 대통령이었던 존 F. 케네디는 그분을 "우리 시대에 가장 위대한 정치가"라고 칭송했다고

길 위에서 점심식사를 하는 핀란드 여인 둘을 만났다.
이 여인들처럼 뜨겁게 끓인 물을 보온병에 담아와 비상용 식품과
커피나 차를 마시며 산책하는 이들을 이 구간에서 종종 볼 수 있었다.

자작나무 널빤지 길은 습한 곳이나 덤불숲 그리고
험한 돌길 위에 놓여 있었다. 참으로 멋진 아이디어가 아닌가.

한다. 다그 함마르셸드는 사진작가이자 하이쿠 시인이기도 하다. 세계 어디를 가든지 카메라를 지니고 다니며 사진을 찍고 자연과 인간의 관계를 표현하는 시를 많이 썼다고 한다. 유엔 제2대 사무 총장으로 그 공로를 인정받아 사후에 노벨 평화상을 받으신 분인데 안타깝게도 노벨 평화상 발표 후 공무수행 중에 비행기 사고로 돌아가셨단다. 이분의 「명상록」과 같은 짧은 시가 아비스코에서 니칼루오크타에 이르는 길 일곱 곳에 놓인 돌에 새겨져 있기 때문에 이 길을 다그 함마르셸드 길이라고도 한다. 오늘 그 첫 번째 「명상록」을 보았다. 읽지도 못했고 이해하지도 못했다. 그저 아쉬운 마음으로 대했다.

스웨덴어로 스팽이라 부르는 자작나무 널빤지 길은 습한 곳이나 덤불숲 그리고 험한 돌길 위에 놓여 있었다. 참으로 멋진 아이디어 아닌가. 그 뽀얀 자작나무 길은 빨간 X표의 이정표와 어울려 철길과 같은 분위기를 낸다. 한 걸음 한 걸음으로 데워지는 나의 엔진은 거친 숨과 함께 땀을 흘린다. 내가 마치 증기기관차가 된 것 같다. 아! 어젯밤 나는 여왕의 품위로 우아하게 미소를 보냈지. 그런데 증기기관차의 기분으로 걷다니. 아무래도 좋다. 상쾌한 공기, 촉촉하게 얼굴을 스치는 바람, 물소리, 새 소리마저도 즐거우니까.

벤츠와 맞먹는 텐트

아비스코야우레 숙소는 아비스코 강에 놓인 현수교를 건너 들어간다. K가 일등으로 도착하고 함 교수와 내가 도착했다. 아비스코야우레 숙소의 관리인은 회그스트룀Ulla Högström, Curt Högström 부부다. 명랑한 커플로 개 두 마리와 함께 산다. 이곳에서 등록을 하는데 관리인 회그스트룀 씨가 말한다. 한국인은 처음이며, 이곳을 거쳐 쿵스레덴을 걸어서 여행한 사람들의 국가가 이제 24개국이 되었다고 말이다. 바로 며칠 전에는 일본인이 다녀갔다고 한다. 낯선 여행지를 가면 언제나 일본인들의 발자취를 먼저 만나게 된다. 참으로 부지런한 여행자들이다.

우리는 오늘 텐트에서 자는 것을 택했다. 텐트는 오두막의 앞마당에 치면 된다. 텐트에서 잠을 자는 것은 무료다. 그러나 숙소의 부엌을 쓰려면 STF 회원의 경우 80크로나를 지불한다. 가스와 시설이용료다. 텐트에서 자는 이들이 쓰는 부엌과 오두막을 쓰는 이들이 사용하는 부엌이 따로 있다. 부엌에는 테이블과 의자는 물론 가스와 함께 모든 식기류가 정돈되어 있고 나무연료를 사용하는 난로도 있다. 물은 밖에서 길어다 쓴다. 설거지 시설에 배수로는 없다. 네모난 스테인레스 통에 설거지를 하고 설거지를 한 물은 밖의 오물통에 버려야 한다. 넓은 들판에 후딱 물을 흩뿌릴 수도 있고 시냇물에 흘려보낼 수도 있다. 그러나 숙소에서 좀 떨어진 곳에 있는 오물통까지 가서 설거지한 물을 버려야 한다. 이곳 국립공원의 규칙이다.

숙소 이용자들은 각각 목적에 따라 지정된 장소와 시설을 이용한다. 먹을 물을 길어다 쓰는 곳과 버리는 곳도 표지가 되어 있고 장작을 패거나 꺼내 쓰는 곳도 따로 있으며 물론 화장실도 멀리 따로

▲ 아비스코야우레 오두막에는 가게도 있다. 2.8도짜리 맥주도 있으니
술을 탐하는 여행자여 염려 마시길.

▲ 텐트는 오두막의 앞마당에 치면 된다. 텐트에서 잠을 자는 것은 무료다.
『쿵스레덴 가이드북』(독일어판)에 따르면 텐트는
쿵스레덴에서 벤츠와 같은 역할을 한단다.

배치되어 있다. 빨래를 하려면 빨래를 하는 시냇가로 인도하는 표지를 따라가고 샤워를 하려면 샤워하기 좋은 곳으로 안내하는 표지를 찾으면 된다. 오늘의 숙소에는 샤워할 오두막은 따로 없다. 그러나 가까이에 목욕할 수 있는 시냇물이 있다. 이곳의 식수는 강물에서 끌어다 놓은 저수탱크에서 길어다 쓰고 있었다. 물이 넘치도록 많은 곳이지만 환경을 위해 귀찮아도 오물을 따로 모아 정화시켜서 자연으로 되돌리는 작은 노력을 보며 물을 아껴 쓰고 자연을 귀하게 여김을 배운다.

아비스코야우레 오두막에는 가게도 있다. 2.8도짜리 맥주도 있으니 술을 탐하는 여행자여 염려 마시길. 가방을 가볍게 하고 걷는 이들은 바로 이런 가게에서 식량을 보충하며 길을 간다. 텐트 없이 오두막집의 침대와 이불을 사용하며 가벼운 개인용 시트커버를 들고 다니면서 말이다. 또 많은 이들은 텐트를 들고 다닌다. 텐트라는 독립된 공간을 선호하고 원하는 곳 어디서나 잠들 수 있기 때문이다. 텐트 이용자 역시 식량공급은 이렇게 가게가 있는 숙소를 이용하면 된다.

텐트를 치고 부엌 오두막에서 저녁을 먹으며 느긋하게 쉬는데 비가 내렸다. 하염없이 창밖으로 자작나무 숲에 내리는 비를 바라보는데 내 마음속에 잔잔하게 흐르는 것은 '알람브라 궁전의 추억'을 연주하는 기타 소리다. 늦은 저녁 남쪽에서 출발하여 케브네카이세에 들러서 왔다는 여섯 명의 독일 여행자들이 숙소에 도착했다. 이들은 비를 맞으며 텐트를 쳤다. 만일 우리가 텐트 치려고 할 때 비가 왔다면 서슴없이 실내 취침을 했을 것이다. 함 교수가 본 『쿵스레덴 가이드북』(독일어판)에는 텐트가 쿵스레덴에서는 벤츠와 같은 역할을 할 거라고 했단다. 그래서 우린 쿵스레덴의 벤츠인 텐트를 갖고 왔다. 탁월한 선택이었다고 생각한다. 난 이 벤츠가 좋아지기 시작했다.

잠에서 깨어 화장실을 가는데 자작나무 숲에서 일곱 명이 배낭을 메고 숙소 앞마당에 들어서고 있었다. 모두들 머리에 검은 모기 망을 뒤집어쓰고 새벽 이슬처럼 조용히 걸어왔다. 시계를 보니 새벽 2시다. 비행기로 키루나에 도착하여 버스로 아비스코로 온 뒤에 이내 걸어서 이곳까지 온 스위스 청년들이다. 이들도 순식간에 텐트를 치더니 텐트 안으로 사라졌다. 지금은 새벽 3시. 난 불빛 없이 이 글을 쓰고 있다. 백야! 참 좋다!

---

① **구간 안내**
- 아비스코Abisko → 아비스코야우레Abiskojaure
- 거리: 13km | 소요시간: 4~5시간 | 코스 난이도: 하

🏠 **숙소 정보**
Abiskojaure Huts
- 오두막: 3개 | 침대: 80개 | 가게, 카드사용, 개 동반가능
- 오두막 이용료(2/18~5/1): 260크로나 | 비회원+100크로나
  (6/17~7/15, 8/29~9/18): 390크로나 | 비회원+100크로나
  (7/16~8/28): 360크로나 | 비회원+100크로나
- 텐트 이용료: 무료(시설을 이용하지 않을 때) | 시설 이용료: 80크로나

야생에 대한 두려움을 떨치다

아비스코야우레Abiskojaure ▶ 알레스야우레Alesjaure

오렌지색 돌무덤 케른

흐린 아침이다. 슬슬 배낭을 꾸려 길을 나섰다. 습한 바람이 정면에서 불었다. 관리인 아저씨가 개를 끌고 나와 떠나는 이들을 배웅했다. 오늘 이동거리인 22km에서 마지막 구간인 알레스야우레 호수(약 5km)는 보트를 타고 건널 것이기 때문에 17km 정도는 힘들지 않게 걸을 수 있을 것이라 생각하고 출발했다. 아비스코야우레의 다리를 다시 건너며 이어지는 자작나무 숲을 따라간다. 또 하나의 다그 함마르셸드의 「명상록」을 지나 산등성이를 타고 오른다. 산등성이를 오르다 뒤돌아서서 내려다보는 산자락은 활짝 펼쳐진 치맛자락 같다.

처음 쿵스레덴에 대한 자료를 보았을 때 유럽의 마지막 야생 황무지로 곰, 여우, 늑대 등이 산다고 해 선뜻 여행을 나서기가 두려웠다. 그래서 길 떠나기를 주저하며 동무를 찾았는데 이틀째 길을 걸으면서 두려움이 사라졌다. 첩첩산중에 사람의 발길로 잘 다져진

또 하나의 다그 함마르셸드의 「명상록」을 지나
산등성이를 타고 오른다. 사람의 발길로 잘 다져진
예쁜 소로를 따라가며 마주하는 대자연은 경이롭다.

▲ 여름코스를 알리는 돌무덤 케른은 다양한 모습과 크기로 세워져 있어
   이를 보며 언덕을 오르고 굽이진 산등성이를 따라가는 재미도 쏠쏠하다.

▲ 언제 내가 한겨울에 이곳을 찾아와 크로스컨트리 스키를 즐길 날이 있을까마는
   그런 희망을 담아 돌무덤 케른 위에 작은 돌멩이 하나 올려놓는다.

예쁜 소로를 따라가며 풍성한 대자연을 경이롭게 즐기고 있으니 말이다. 여름코스를 알리는 이정표인 돌무덤 케른^{cairn}은 짙은 오렌지색이 칠해져 있고 다양한 모습과 크기로 세워져 있어 이를 보며 언덕을 오르고 굽이진 산등성이를 따라가는 재미도 쏠쏠하다.

케른의 기원은 아주 오래된 것으로 그리스인이나 켈트 족 또는 로마인들이 여행을 하며 곳곳에 만들었다고 한다. 기원전 10세기 켈트 족들은 이베리아 반도로 이동할 때 돌을 쌓아가며 긴 여정의 안전과 종족의 번영을 빌었다고 한다. 그때부터 쌓아온 돌무덤이 지금도 에스파냐 북부 산티아고로 가는 프랑스 길 혼세바동 아이라고 산에 있다. 아주 작은 돌들이 쌓여 오늘날에는 큰 돌산을 이루고 있다. 그 돌무덤 중심에 크루스 데 이에로$^{Cruz\ de\ Hierro}$ 철십자가 세워져 있다. 요즘도 전 세계에서 온 순례자들이 고향에서부터 가지고 온 돌들을 쌓는데 그 돌에는 각자 소망을 담은 이름이 씌어 있다.

로마는 켈트인들이 이정표로 쌓은 수많은 돌들의 무덤을 하나의 원형기둥으로 만들었는데 바로 마일스톤이다. 고대 사람들은 측량을 할 때 사람의 신체를 이용했다. 예를 들면 팔꿈치에서 손가락 끝까지를 한 규빗(오늘날 단위로 45cm)으로 정한 것이다. 이와 같이 로마인들은 성인 걸음 천 발자국으로 측정한 1스타디아(지금의 단위로는 185m)의 8배 되는 거리가 떨어진 곳에 원형기둥으로 이정표를 만들어놓았다. 이 거리가 1.48km이고 이 원형기둥을 로마 마일스톤이라 부른다. 따라서 로마 마일은 1.48km이다. 로마 마일스톤에는 거리는 물론 당시의 황제 이름까지 기록했고 글씨를 붉은색으로 칠해 눈에 띄도록 했다. 마일스톤은 세월이 갈수록 세련되고 정확해졌다. 그 로마 마일스톤은 지금도 한때 로마 정복지였던 곳곳에 남아 있다. 이번 여행길에 새로 알게 된 것은 세계 공용 1마일은 1.6km이지만 스웨덴의 1마일은 10km라는 것이다.

겨울코스는 여름코스와 달리 산맥과 산맥 사이 넓은 계곡으로 길이 나 있다. 눈이 쌓여야만 길이 된다. 여름에 겨울코스는 무성한 덤불숲이다. 겨울에 눈이 내리면 스키와 스노모빌을 타거나 개썰매를 타고 여행한다. 난 스키를 좋아하지 않는다. 리프트를 타고 올라가 내려오는 게 무섭기 때문이다. 그런데 크로스컨트리 스키는 매력이 있다. 가벼운 배낭을 메고 휘이휘이 스키를 타고 산속을 누비는 것은 꼭 한번 해보고 싶을 정도. 옛날 이곳에 사는 사람들 특히 사미 족들은 순록과 개를 이용한 썰매를 타고 다니는 것은 물론 스키가 생존을 위한 이동수단이었을 것이다.

스칸디나비아 반도에 걸쳐 있는 노르웨이, 스웨덴, 핀란드에 사는 사람치고 스키 못 타는 사람은 없을 정도라고 익히 들어 알고 있다. 스웨덴 군인들은 15세기부터 필수 장비로 스키를 보유했을 정도로 필수품이었다고 한다. 동계올림픽 알파인 스키 종목에서 이 3개국의 활약이 큰 것을 우리는 텔레비전을 통해 자주 보아왔다. 언제 내가 한겨울에 이곳을 찾아와 크로스컨트리 스키를 즐길 날이 있을까마는 그런 희망을 담아 나도 케른 위에 작은 돌멩이 하나를 올려놓아본다.

잔설이 남은 높은 산에서 흘러내리는 물은 폭포를 이루며 아름다움을 연출한다. 아직 눈이 남아 있는 언덕을 올랐다. 한여름에 무릎까지 쌓인 눈길을 걷다니 보기만 해도 시원하다. 반대편에서 오는 이들이 많아 자주 마주쳤다. 키가 크고 말랐으며 금발인 북유럽인들. 그중에 금발을 양쪽으로 땋아 늘어뜨리고 배낭을 메고 걸어오는 커플이 있었다. 멋진 젊은이들처럼 보였던 이들을 가까이에서 보니 적어도 65세는 넘었을 얼굴이다. 북유럽인들은 무슨 옷을 입어도 어울리는 신체조건이다. 길쭉길쭉한 팔과 다리, 뽀얀 피부에 머리카락도 금발이거나 은발이거나 부드러운 갈색빛이니 나이가 든 70~80세의 노인도 젊은이 못지않게 옷 태가 나는 것이다. 멀리서 보면 화보 속의 한 장면을 보는 것 같지만 카메라 렌즈 줌인 하듯 가까이 가 마주하면 미라처럼 바싹 마르고 주름진 얼굴을 보게 된다. 순간 마음이 짠하고 민망해진다.

세월과 무던히 마주쳐서인지 날카로운 각이 사라진 바위가 여기저기 흩어진 키 작은 덤불숲 사잇길로 들어섰다. 덤불숲 사이에 피어 있는 다양한 야생화는 어찌도 그리 앙증맞고 예쁜지. 양쪽으로 높은 산들을 사열하듯이 계곡을 따라간다. 멋지다!라기보다 장대한 자연의 기상을 느낀다. 작은 호숫가에 먼저 도착한 K와 함 교수가 점심을 준비하고 있었다. 산에서 식사를 하기 위해 K가 버너, 코펠, 가스통을 배낭에 넣고 함 교수와 내가 가스통을 하나씩 비상용으로 넣었다. 요리재료는 함 교수와 내가 배낭에 지고 가고, 것을 끓이는 도구는 K가 갖고 가는 것이다. 가스는 아비스코에서 샀다. 만일 우

발음도 힘든 코토쇼카 산 아래 호수는 새들의 낙원이다.
망원경이 필요한 순간이다. 빼어난 절경이 펼쳐지는 이곳에서
모든 여행자들은 쉬었다 간다.

리가 길에서 K를 못 만나면 따뜻한 국물이 있는 음식은 못 먹게 된다. 오늘은 배낭에 들어 있는 매운 라면을 먹기로 했다. 이제 슬슬 배낭 속의 짐들을 풀기 시작한다. 마음 같아서는 빠른 시간 안에 몽땅 먹어치워버리고 싶다. 조금이라도 배낭의 무게를 줄이고 싶은 마음에서다. 이 순간 라면의 맛을 말해 무엇하리.

시원한 바람을 맞으며 길을 간다. 눈 덮인 산과 호수를 떠도는 바람이라서일까. 바람결에 습기가 묻었다. 피부도 건조하지 않고 코끝을 통과하는 바람의 맛도 좋다. 이런 것이 자연의 기운이 아닌지 생각해본다. 왼편으로 장대하게 일직선으로 솟아 있는 산 아래서 계곡이 나뉜다. 남쪽으로 뻗은 쿵스레덴과 동쪽 니칼루오크타로 가는 직진 코스의 길이다. 발음도 힘든 코토쇼카^{kåtotjåkka} 산(1991m) 아래 호수는 새들의 낙원이다. 망원경이 필요한 순간이다. 빼어난 절경이 펼쳐지는 이곳에서 모든 여행자들은 쉬었다 간다. 망원경을 들고 마치 전쟁터의 장군처럼 바위 위에 올라서서 먼 곳을 살펴본다. 한참 휴식을 취한 뒤 우리는 남쪽으로 뻗은 직진 코스를 따라갔다. 역시 호수를 따르는 길이다. 그러나 아직 알레스야우레 호수는 아니다.

보트를 운행하지 않는다고?

순록 울타리가 쳐진 곳에 안내문이 하나 달려 있었다. 보트 운행에 대한 정보다. 아뿔싸! 우리는 보트로 호수를 건너기만을 고대하고 왔는데 그만 운행시기가 7월 4일부터(이날은 7월 2일이었다)라는 것이다. 이곳에서부터 보트를 타는 선착장까지는 5km라는 안내 문구도 있었다. 배를 타고 5km를 갈 수 있기 때문에 오늘의 일정이 무난하다고 생각했다. 보트를 타지 못한다고 생각하니 기운도 함께 싹 사라지며 두 발등 위로 온몸의 무게가 실리듯 피로가 몰려왔다. 겨우 5km의 길을 더 걸어야 하는 것인데 배로 거리를 단축할 것이란 희망이 갑자기 사라졌다는 그 이유 하나로 이토록 맥이 쑥 빠지다니. 만일 애초에 보트를 타는 계획 없이 걸어서 22km를 가는 일정이었다면 아마도 이토록 힘이 빠지지 않았을 것이다.

드디어 알레스야우레 호수의 선착장에 도착했다. 늘 그렇듯 먼저 도착한 K가 우리를 기다리고 있었다. 선착장에는 바람을 피할 간이 천막이 하나 있고 높은 장대 아래로 노란 깃발이 묶여 있었다. 나무 상자 안에는 비상전화도 있었다. 보트를 운행하는 때라면 이곳에 도착한 여행자들은 노란 깃발을 끌어 올려 장대 끝에 매달면 된다. 그럼 반대편 알레스야우레 오두막에서 보트를 타고 데리러 온다. 요금은 1인당 240크로나다. 만일 보트로 호수를 더 둘러보고 싶다면 승객 여섯 명 이상이 있으면 가능하다고 한다. 그러나 오늘은 보트 운행시기가 아니다. 어찌 하오리까. 그저 걸어야지.

호수를 따라가는 길은 저지대로 왜 이리 질펀한지 다른 곳과 달리 자작나무 널빤지 길도 부족해서 발이 푸욱, 푹 빠지는 길을 걸어야 했다. 하도 질펀한 길이라 다른 곳을 둘러볼 틈 없이 고개를 숙이고 요리조리 피해가며 갔다. 배낭의 무게가 온몸에 무리일 정도로 느껴졌다. 보트를 못 타고 걸어가는 불편한 심사가 마음 한구석

선착장에는 바람을 피할 간이 천막이 하나 있고 높은 장대 아래로 노란 깃발이 묶여 있었다. 보트를 운행하는 때라면 이곳에 도착한 여행자들은 노란 깃발을 끌어 올려 장대 끝에 매달면 된다.

에 꽁하니 배어 있음을 또한 느꼈다. 사실 질펀한 구간은 그리 길지 않았다. 아! 이런 심사는 빨리 털어야 한다.

따뜻한 저녁 햇살이 느껴져서 고개를 들어보니 호수 건너편으로 알록달록한 빛깔의 사미 족 촌락이 보였다. 잘 익어 말랑말랑한 홍시 빛을 닮은 저녁 햇살은 사미 족 마을을 평화롭고 아늑하게 비치고 있었다. 사미 족 집단 촌락이 있다면 이 근처에서 어슬렁거리는 순록과 마주치지는 않을까 기대하며 호숫가를 따라갔다. 그러나 순록은 한 마리도 만날 수 없었다. 야생의 사나이 K는 일찌감치 성큼성큼 가버리고 부상 투혼 중인 함 교수는 오전 시간만 지나면 거의 혼수상태로 걸어갔다. 그렇게 힘들게 알레스야우레 오두막에 도착했다. 오두막은 바위가 많은 높은 지대에 자리 잡고 있었다. 오두막 입구에는 이곳을 지나는 이들이 잠시 쉬었다 가도록 카페와 가게가 있음을 알리는 표지판이 있었다.

알레스야우레 오두막에는 STF 깃발과 함께 사미깃발이 걸려 있었다. 이 오두막은 1984년 트레일 코스가 약간 바뀌게 되었을 때 지금의 자리에다 좀 크게 지었다고 한다. 이곳에서도 우린 우리의 벤츠인 텐트를 오두막 아래에 있는 둔덕에 쳤다. 넓은 알리스 계곡 Alisvággi과 알리스 강Alisjávri이 굽이굽이 흐르다 내려와 앉아 쉬었다가는 삼각주가 파노라마로 펼쳐지는 곳이다. 텐트 치기 멋진 장소다. 왼편으로는 철제 현수교가 있다. 강 건너편에도 여러 동의 텐트가 세워져 있다. 이제 텐트를 치는 것은 혼자서도 할 수 있다. 텐트를 치고 그 안에 배낭을 벗어놓고 잠시 누웠다. 깊고 넓은 계곡, 높고 거대한 산으로 겹겹이 이어지는 장대한 대자연 속에서 1인용 이 작은 텐트가 나의 보금자리다. 만족한다. 나는 오두막의 여럿이 자 는 침대보다 독립된 방처럼 느껴지는 이 텐트가 좋다. 다행히 백야 라 낮같이 훤한 밤이어서 화장실 가기도 좋다. 무엇보다 자연의 공 기와 바람이 좋다.

오늘 저녁도 오두막의 부엌에서 준비하고 먹는다. 우리보다 한 시간 정도 일찍 도착한 K가 준비했다. 문제는 설거지다. 알레스야 우레 오두막은 물을 뜨러 가려면 한참 내려가야 한다. 무거운 배낭 을 메고 하루 종일 걸었더니 무릎이 너무 아파 물 긷는 것이 두려워 서 적은 양의 물로 그릇을 씻고 나머지는 부엌에 넉넉하게 있는 종 이 타월로 깨끗하게 마무리했다.

알레스야우레의 오두막에는 사우나도 있는데 아쉽게도 즐기지 못 했다. 가게는 넓고 컸는데 인스턴트 식품은 물론 많은 물건이 준비 돼 있다. 냉장고에는 차가운 맥주도 있다. 반가운 것은 삼양라면이 매운 맛과 닭고기 맛으로 두 종류나 있다는 것이다. 나의 배낭에는 한국에서 갖고 온 라면이 열두 개나 있고 해외여행 중 합류한 K가 부탁해 들고 온 고추장도 있다. 에너지 너트 바도 열 개나 있고 아, 커피믹스도 50봉지나 있다. 나는 여행할 때 늘 현지 음식을 즐긴다. 처음으로 여행에 이런 것들을 갖고 왔는데 야생으로 가는 초행길이 라 두려운 마음으로 준비한 것이다. 함 교수의 배낭에도 라면이 들 어 있다. 쿵스레덴에 자리한 오두막마다 이런 가게들이 있다. 가게 가 없는 곳도 있지만 다음 오두막에는 반드시 있다. 그러니 비상식

량은 하루치 정도만 있으면 된다. 내 등짐으로 무겁게 갖고 다닐 필요가 없는 것이다.

그런데 오늘 가게에서 우린 또 식품을 샀다. 배낭에 든 것도 많은데 혹시나 하는 불안감과 그래도 한국에서 갖고 온 것은 꼭 요긴할 때 먹어야지 하는 마음으로 말이다. 나 혼자의 몸이라면 절대 사지 않았을 것이다. 우리 배낭에 들어 있는 식량은 이미 적어도 4일치는 되기 때문이다. 갑자기 뭔가를 산다는 게 무서웠다. 아! 내가 예전에 무엇을 산다는 것에 스트레스를 받은 적이 있던가? 아직 우린 쿵스레덴의 먹거리 시스템에 익숙하지 않은 것 같다.

그래도 오늘도 감사한 마음으로 하루를 보낸다. 나의 벤츠는 밝은 노란색이다. 자연의 푸름과 잘 어울린다. 텐트 속 작은 공간의 번데기 같은 침낭 속에서 난 오늘 밤도 노랑나비가 되는 꿈을 꾼다.

ⓘ 구간 안내

- 아비스코야우레 Abiskojaure → 알레스야우레 Alesjaure
- 거리: 22km | 소요시간: 7~10시간 | 코스 난이도: 상

🏨 숙소 정보

Alesjaure Huts(780m)

- 오두막: 3개 | 침대: 80개 | 가게, 사우나, 카페, 카드사용, 개 동반가능
- 카페: 알레스야우레 숙소를 이용하지 않는 사람들이 들어와 커피와 간식을 사서 먹을 수 있다.
- 오두막 이용료(2/18~5/1): 290크로나 | 비회원+100크로나

  (6/17~7/15, 8/29~9/18): 320크로나 | 비회원+100크로나

  (7/16~8/28): 320크로나 | 비회원+100크로나
- 텐트 이용료: 무료 | 시설 이용료: 110크로나(사우나 있음)

⛵ 보트

- 요금: 1인당 240크로나
- 운영기간: 7월 4일~8월 26일
- 이용시간표

알레스야우레 오두막	알레스야우레 호수 선착장
1 출발 10:00 am	출발 10:30 am
2 출발 3:00 pm	출발 3:30 pm
3 출발 5:00 pm	출발 5:30 pm
4 출발 6:30 pm	출발 7:00 pm

* 호수 북쪽 선착장에 전화와 노란 깃발이 있다. 깃발을 장대 끝으로 올리고 기다리면 된다. 보트가 알레스야우레 오두막 바로 아래 지점에 정박한다.

최고의 뷰 포인트 셰크티아 계곡

알레스야우레Alesjaure ◆ 셰크티아Tjäktja ◆ 셀카Sälka

어디서나 만나는 독일과 일본의 여행자들

오늘도 컨디션 조절을 위해 느긋하게 출발하기로 했다. 아주 천천히 출발준비를 해도 이웃집 텐트들 또한 느긋해서 우리 일행보다 더 꾸물거린다. 아마도 해가 일찍 지는 시기라면 서둘러 일어나 해 아래 걸어가려고 했을 것이다. 꾸물거리며 준비해도 9/30분쯤이면 출발이다. 에스파냐에서는 늦어도 7시경이면 출발하여 한낮의 열기를 피하려 했다. 이 북극권 대자연 속에서는 에스파냐처럼 강렬한 태양을 피하지 않아도 된다.

하늘빛은 어찌 그리도 맑고 깊은 바다색인지 또 구름은 어찌 그리 하얗고 풍성한지 바람은 또 어찌나 촉촉하고 시원한지 한낮이라 해도 햇빛을 피하고 싶지 않다. 난 모자도 쓰지 않았다. 내가 얼굴에 바르는 것이라곤 알로에 크림과 자외선차단 크림뿐이다. 그것도 아침에 한 번 바르면 저녁까지 그냥 간다. 얼굴이 건조한 것을 못 느끼겠다. 서울에서 길을 걷다보면 한두 시간 동네산책을 가든, 교

하늘빛은 어찌 그리도 맑고 깊은 바다색인지
또 구름은 어찌 그리 하얗고 풍성한지 바람은 또 어찌나
촉촉하고 시원한지 한낮이라 해도 햇빛을 피하고 싶지 않다.

외로 가벼운 산행을 가든, 깊은 모자에 얼굴 가리개는 물론 복면과 검은 선글라스까지 쓰고 햇볕을 차단하려 애쓰는 사람들을 많이 본다. 때론 거부감마저 들 정도다. 그 사람들을 탓할 수는 없지만 보기 좋은 것은 솔직히 아니다. 난 자외선차단 크림을 바르고 모자만 쓰고 다닌다. 그런데 이곳에선 모자마저 벗어버렸다. 시원한 바람을 머리까지 뒤집어쓰고 싶어서다. 피부도 많이 상했다. 팔뚝에는 주근깨가 생기고 얼굴도 많이 칙칙해졌다. 평소 피부를 위해 신경쓰는 편이 아니다. 그리 비싼 화장품을 쓰는 것도 아니다. 남들은 나의 피부가 좋다고 한다. 그건 부모님 덕분으로 돌린다.

알레스야우레에서 셰크티아 오는 길에 다시 만난 남아공 아가씨는 자주 배낭을 벗어놓고 쉰다. 앉아서 한없이 산을 바라보거나 망원경으로 새들을 관찰한다. 오늘 새로 만난 이는 키가 1m 90cm도 넘어 보이는 길쭉한 스웨덴 청년이다. 청년이라기보다 앳된 소년 같다. 배낭 꾸림도 정리가 잘되었다. 긴 우산도 꽂혀 있고 책도 쉽게 꺼내 볼 수 있도록 망에 담았다. 그런데 웃는 얼굴로 인사를 해도 수줍어서인지 웃지도 않고 피한다. 묵언 수행을 할 만큼 세월을 산 것도 아닌데. 요즘 애들 말로 신비주의 콘셉트인 걸까. 가까운 곳에서 쉴 때 유심히 살펴보니 배낭을 내려놓을 때 평지보다 약간 높은 곳에다 앉아서 벗어놓고 짊어질 때에도 살짝 누워서 배낭에 두 팔을 끼고 짊어지듯이 일어선다. 가방이 무겁다는 뜻이다. 아마도 28kg는 충분히 넘을 것 같다. 그래서 허리도 구부정하게 하고 걷는다.

산자락을 타고 시원하게 물이 흐르는 곳에 K가 자리를 잡고 기다렸다. 오늘 점심을 먹는 곳이다. 점심 먹을 때는 즐겁다. 길에서 함께 모여 푹 쉬는 시간이니까. 물은 뼈가 시릴 정도로 차다. 그래도 발도 씻고 세수도 했다. 쩅! 하게 차가운 기운이 온몸을 돌고 나니 상쾌한 기분이 든다. 라면도 먹고 커피도 마시고 잠시 누워 허리도 펴본다. 느긋하게 휴식을 취하는 우리 곁으로 독일에서 왔다는 네 명의 도보꾼들이 지나갔다. 이들은 우리와 달리 반대편 살토루오크타에서 출발했는데 어제는 셰크티아에서 자고 알레스야우레로 가는 중이란다. 독일 여행자들이 안 가는 곳이 있을까? 뭐 그중에 일본 여행자도 꼭 끼지만. 세계 어디를 가든 그 나라 국민 외에 가장 많은 여행자가 있다면 독일인들이 빠지지 않는다. 이곳 쿵스레덴을 걷는 사람들 가운데도 스웨덴인 다음으로 독일인이 많다.

오늘 우리는 형편에 따라 목적지를 바꾸기로 했다. 휴식하는 곳에서 가까이에 있는 셰크티아까지 가서 형편을 보고 그곳에 하루 머물든가, 아님 조금만 더 가 텐트 치기 좋은 데서 하루 숙박을 하기로 했다. 알레스야우레에서 셰크티아까지 가는 길은 1,000m 언덕을 올라야 하는 오르막길이지만 무난했다. K가 먼저 도착해 셰크티아 오두막을 살펴보았고 함 교수도 나보다 일찍 도착해 이정표 앞에 앉아 있었다. 결론은 조금 더 가자는 것이었다.

셰크티아의 오두막을 지나서는 거친 돌길과 잔설이 남아 있는 언덕을 눈에 푹푹 빠지며 걸었고 양지 쪽 산 아래로 눈 녹아내린 물이 넓게 흩어져 흐르는 얕은 시냇물을 건너야 했다.

산자락을 타고 흐르는 물은 뼈가 시릴 정도로 차다.
그래도 발도 씻고 세수도 한다.
라면도 먹고 커피도 마시고 잠시 누워 허리도 펴본다.

절경에서 마주친 돌발상황

오늘 코스의 하이라이트인 가장 높은 봉우리를 넘어야 한다. 발목까지 쌓이는 눈을 밟으며 언덕길을 올랐다. 급경사의 오르막 끝 1,150m 고지에 휴식 또는 피난처로 쓰이는 오두막이 있다. 원하면 이곳에서 잠을 잘 수 있다. 양쪽의 깊고 넓은 계곡을 내려다볼 수 있는 멋진 장소다. 여기까지 우린 그리 힘들게 오지 않았다. 그런데 이 오두막에 K가 없는 것이다. 잠시 정상에서 휴식을 취한 뒤 어딘가 아래서 그가 기다릴 것으로 생각하며 길을 재촉했다.

오두막에서 약간 가파른 길을 내려오니 탄성이 절로 나는 환상의 계곡이 펼쳐졌다. 깊은 U자 계곡이 흠 없이 아름답게 펼쳐져 있는 것이다. 쿵스레덴의 가이드북에서 본 장면들이었다. 많은 이들이 이곳에서 텐트 치는 사진을 보았다. 이름은 셰크티아 계곡^{Tjäktjavägge}! 넓고도 깊은 계곡이 40km 길이로 길게 이어져 있다. 계곡의 오른편으로는 셰크티아 강^{Tjäktjajåkka}이 흐르며 계곡의 양쪽에는 각각 1,470m, 1,700m의 높은 산들이 절벽처럼 버티고 있다. 이 멋진 절경이 내려다보이는 언덕 왼편에 다그 함마르셸드의 「명상록」이 세워져 있다. 그야말로 명상하기 좋은 장소다. 계곡은 이 언덕에서 낭떠러지처럼 가파르게 내려가면 된다. 이 기막힌 장소에서 하룻밤을 자면서 저 넓은 계곡이 시시각각 변하는 모습을 보아야 할 텐데. 어쩌면 쿵스레덴 최고의 뷰 포인트가 될 텐데. K는 이렇게 멋진 장소에서 머물지 않고 도대체 어디로 갔단 말인가. 너무나 아쉬운 마음이다.

아쉽지만 가야 한다. 이제 K가 있는 곳이 우리의 목적지다. 1,150m에서 900m로 내려온 계곡은 그야말로 바위투성이의 길이 이어졌다. 저녁 7시가 넘은 시간. 백야가 아니었으면 길을 걷지 못했을 것이다. 숙소까지 남은 거리는 8km 정도인데 아무리 걸어도 K의 모습은 보이지 않았다. 이 모퉁이만 넘으면 숙소가 있을까? 혹시 K가 텐트를 치고 있을까? 우리는 여러 가지 생각을 하며 걸었다. 등산 스틱이 없었으면 수없이 넘어졌을 울퉁불퉁한 길을 걸으면서 점점 지쳐갔다. 입안이 톡톡 부풀어 옴을 느낀다. 얼마쯤 가다 반대편에서 오는 거구의 스웨덴 아저씨를 만났다. K를 보았는지 물었다. 그러나 셀카 쪽을 지나왔지만 아무도 못 보았다고 한다. 이곳을 걸어가는 동양인은 우리밖에 없으니 우리가 다른 이들을 기억하기는 어려워도 다른 사람들은 금방 우릴 알아본다. 그는 내가 머물고 싶었던 그 언덕에 텐트를 칠 것이라며 떠났다.

그가 떠나고 우리는 혹시 K가 길을 잃지 않았을까 하는 생각이 들었고 좀 불안해지기 시작했다. K는 GPS에 의지해서 늘 앞서 갔다. 만일 길을 잃었다면. 갑자기 생각이 복잡해졌다. 그는 오랫동안 아프리카의 정글을 그리고 세계의 유명한 산들을 다녀온 야생의 사나이고 배낭에는 어제 산 식량이 좀 들어 있을 것이고 가스도 있으니 심한 염려는 하지 않았다. 그러나 어떻게, 언제 다시 만날 수 있을까 하는 불안이 엄습했다. 아. 길을 잃을 만큼 복잡한 코스도 아닌데. 그러면 혹시 우리가 길을 잃었을까? 하는 생각이 들 무렵 강가에 있는 텐트 하나를 발견했다.

1,150m 고지의 오두막에서 약간 가파른 길을 내려오니
탄성이 절로 나는 환상의 계곡이 펼쳐졌다. 깊은 U자 계곡이 원 없이
아름답게 펼쳐져 있는 것이다. 그야말로 명상하기 좋은 장소다.

8시가 넘은 시간이라 텐트로 다가가 조심스럽게 물었다.

"실례합니다. 안에 누구 계세요?"

이미 인기척을 느꼈는지 이내 답을 하며 텐트를 여는 지퍼 소리가 났다. 텐트에서 나오신 분은 우리와 기차를 함께 타고 와 아비스코에서 배낭무게를 재고 이내 쿵스레덴으로 떠나신 그 할아버지다. 덴마크 코펜하겐에서 오신 66세의 보 스콜레어 닐슨 씨는 백발에 덥수룩한 수염이 있는 분이다. 눈매는 날카로우나 미소는 부드럽다. 반가운 마음에 인사를 했다. 할아버지도 반가워하셨다. 우선 K를 보았는지 물었다. 기차에서 우리를 보았기에 K를 기억하는 할아버지는 그를 만나지 못했고 우리가 가는 길 또한 틀리지 않는데 단지 숙소까지는 좀더 가야 한다고 했다.

반갑고 감사한 마음에 여행을 떠나기 전 준비한 북마크 중에서 백호를 드렸다. 백호가 할아버지를 닮았다고 말씀드리며 이 동물이 한국인들에게는 영물로 여겨진다고 설명했다. 할아버지는 자신의 67세 생일이 이틀 뒤라고 하신다. 특별한 생일 선물이라 고맙다고 하며 기뻐하는 모습을 보니 내가 더 행복하다. 늦은 시간이라 길을 재촉하며 떠났는데 한참을 걷다 뒤돌아보니 할아버지가 텐트 밖에 여전히 서 계셨다. 내 마음에 새겨지는 또 하나의 그리운 장면이 되리라.

그리 멀지 않을 것 같은 셀카를 찾아 굽이굽이 넘어가는 구릉마다 마치 파랑새를 찾아가듯 '여기만 지나면 나올 거야!' 그리고 '이번만 지나면 나올 것 같은데?'를 반복하며 우린 지쳐갔다. 입안에

할아버지는 K를 보지 못했으며 셀카의 숙소까지는 좀더 가야 한다고
알려주었다. 반갑고 감사한 마음에 여행을 떠나기 전 준비한 북마크 중에서
백호를 드렸다. 한참을 걷다 뒤돌아보니 할아버지가 텐트 밖에 여전히 서 계셨다.

물집이 더 크게 부풀어옴을 느낀다. 우리는 K에게 문제가 생긴 것이 틀림없는 것 같다고 생각했다. 우리가 이 시간까지 숙소에 도착하지 않았으면 무슨 일이 있는지 궁금하고 걱정이 되어서도 야생의 사나이인 그가 길을 되짚어 왔을 것이기 때문이다. 우리는 K에게 문제가 생겼을 것이라 생각하며 걷고 걸었다. 밤 10시가 넘었고 셀카 오두막을 목표로 걷기를 열세 시간. 드디어 도착했다. 눈물이 핑 돌았다. 가이드북에 알레스야우레에서 셰크티아까지 4~5시간, 셰크티아에서 셀카까지 3~4시간이 걸린다고 나와 있었다. 합해서 7~9시간이 걸리는 거리를 우린 무려 13시간 동안 걸어온 것이다. 그리고 도착한 숙소에 K가 있었다. 그를 보는 순간 반가웠다. 먼저 든 생각은 '아! 다행이다'였다. 길에서 걱정했던 일은 없었으니 말이다. 물론 서운함이 없었다면 거짓말일 것이다.

그는 GPS의 기록을 보며 어제도 시간당 8.5km를 걸었다고 했고 평균 시간당 5km 정도를 걷는다고 했다. 가이드북에서는 시간당 많아야 3km를 걷는 것을 권고했다. 그리고 많은 이들이 이 속도로 간다. 키 크고 힘센 독일 젊은이들이 어쩌다 잠깐 시간당 4km를 갈 뿐이다. 즉 쿵스레덴 여행자들은 충분히 즐기며 길을 걷는 것이다. 우린 K의 빠른 걸음을 탓한 적이 없다. 함 교수와 나는 산티아고 그 먼 길을 걸으며 사람들 각자 자기 호흡대로 걷는 것의 중요함을 알았기 때문이다. 그가 언제나 먼저 가서 오랫동안 우릴 기다리기에 미안한 마음이 들었을 뿐이다. 나는 그저 일단 길을 잃지 않고 모였다는 것에 만족했다. 함 교수도 그랬을 것이다.

셀카의 오두막은 양쪽 고봉준령 사이에 흐르는 셰크티아 강을 따라가는 계곡의 중간에 자리 잡고 있다. 오두막의 굴뚝에서 연기가 피어오른다. 연기보다 진한 나무향이 코끝으로 퍼져온다. 눈과 코로 푸근함을 느끼는 것도 잠시, 세수도 못하고 K가 준비해준 저녁을 허겁지겁 먹고 침대에 쓰러졌다. 돌덩이처럼 무거운 몸으로 침대에 누우니 언덕에서 바라본 셰크티아 계곡이 삼삼하게 떠올랐다. 아! 참으로 고단한 하루다. 이미 잠든 이들의 코골이마저 목관악기 소리처럼 들린다. 길었던 하루가 이렇게 간다.

ⓘ 구간 안내

- 알레스야우레Alesjaure → 셰그티아Tjäktja
- 거리: 13km | 소요시간: 4~5시간 | 코스 난이도: 중
- 셰크티아Tjäktja → 셀카Sälka
- 거리: 12km | 소요시간 3~4시간 | 코스 난이도: 상

🏠 숙소 정보

Tjäktja Huts(1000m)

- 오두막: 1개 | 침대: 22개 | 카드사용, 개 동반가능
- 오두막 이용료(2/18~5/1): 260크로나 | 비회원+100크로나
  (6/17~7/15, 8/29~9/18): 290크로나 | 비회원+100크로나
  (7/16~8/28): 360크로나 | 비회원+100크로나

Sälka Huts(835m)

- 오두막: 3개 | 침대: 54개 | 가게, 사우나, 카드사용, 개 동반가능
- 오두막 이용료(2/18~5/1): 260크로나 | 비회원+100크로나
  (6/17~7/15, 8/29~9/18): 290크로나 | 비회원+100크로나
  (7/16~8/28): 360크로나 | 비회원+100크로나
- 텐트 이용료: 110크로나

각자의 사연을 안고 걷는 길

셀카Sälka ⏩ 싱이Singi

대지의 기운을 받아 다시 일어서다

아침에 겨우 일어났다. 아니 일어나고 싶지 않았다. 입안 곳곳이 붉게 터져서 쓰라렸다. 그러나 아픈 내색을 하지 않고 근육 진통제를 먹었다. 오늘 걸을 거리는 12km로 편한 코스이기 때문에 11시에 출발했다. 너무 피곤한 탓일까. 대부분 오두막의 관리인을 기억하는데 길을 가다 생각하니 셀카 오두막의 관리인 모습이 떠오르지 않았다. 눈 덮인 산들이 병풍처럼 둘러싸인 드넓은 계곡 사이 오른쪽으로 셰크티아 강이 흐른다. 드넓은 계곡은 풀숲이 많은 지역이다. 새들의 보금자리로는 최상일 것이다. 들리는 것은 물과 바람, 새소리, 그리고 내 발걸음과 함께 부딪히는 스틱 소리다. 다양한 야생화들은 홀로, 아님 여럿이 춤을 춘다.

커다란 산이 풍덩 들어가 앉은 작은 호수에 미끄러지듯 새가 내려앉아 고요함을 깨고 자맥질을 한다. 평화롭고 자유로운 풍경들. 정상에 쌓인 눈이 녹아 실개천을 이루며 높은 산자락을 타고 흐르

커다란 산이 풍덩 들어가 앉은 작은 호수에 미끄러지듯
새가 내려앉아 고요함을 깨고 자맥질을 한다.
마음껏 자연을 호흡하고 느끼다보니 어제의 피곤함이 서서히
사라지고 새로운 기운을 받는다. 바로 이거다! 이 기분!
이런 기운들이 자꾸만 배낭을 꾸려서 떠나도록 나를 유혹하는 것이다.

다 계단처럼 작은 폭포가 되기도 한다. 마음껏 자연을 호흡하고 느끼다보니 어제의 피곤함이 서서히 사라지고 새로운 기운을 받는다. 바로 이거다! 이 기분! 이런 기운들이 자꾸만 배낭을 꾸려서 떠나도록 나를 유혹하는 것이다.

자작나무 널빤지도 필요한 곳마다 잘 설치되어 있고 평탄한 길의 연속이다. 길을 잃을 염려는 없다. 순록 울타리를 지난다. 문을 열고 들어가 잘 닫고 떠나야 한다. 다섯 번째 명상록을 지났다. 현수교를 지나 7km 지점에 갑자기 내린 눈이나 비를 피하는 대피소로 쓰이는 작은 오두막이 있다. K와 함 교수가 먼저 도착해 기다리고 있었다. 화장실과 쓰레기 버리는 곳까지 있으며 오두막 안도 깨끗하게 관리되었다. 오늘은 이곳에서 점심을 먹는다. 우린 되도록 가방의 무게를 줄이려 배낭 속의 쓰레기도 분리해버렸다.

싱이 도착 3km 전 다리를 건너자 케브네카이세와 싱이로 가는 갈림길이 나 있다. 표시는 잘되어 있다. 싱이는 계속 오른쪽으로 흐르는 강을 보며 가고 케브네카이세는 왼편 산을 따라간다. 싱이에 거의 도착할 때쯤 셰크티아 강가에 자리 잡은 순록마을이 보였다. 아직 난 순록을 보지 못했다. 순록마을이 있다고 해서 우리에 가두어 순록을 기르는 것은 아니다. 지금 우리가 지나는 쿵스레덴 코스 주변은 덥기 때문에 조금의 더위도 견디지 못하는 순록은 노르웨이 국경 쪽의 더 높은 산자락으로 이동했다고 한다. 순록 우리를 지나지만 순록을 가두어놓은 곳은 아니다. 어쩌다 겨울에 사용한단다. 평균 4~5시간 걸리는 거리를 나와 함 교수는 6시간 걸려 도착했다.

어제 너무 무리해서 길에서 충분히 쉬면서 갔기 때문이다. 나는 아니 모든 도보여행자들은 길을 즐기기 위해 여행을 떠난 것이지 목적지에 도착하기 위해 길을 걷는 것이 아니다.

오늘은 텐트에서 잔다. 7성급 호텔로 생각하고 텐트에서 머무는 것을 즐긴다. 텐트 안은 의외로 나에게 사색의 시간을 준다. 물론 야생의 사나이 K도 텐트에서 머무는 것을 좋아한다. 함 교수는 오두막에서 잔다. 그분은 그곳에서 주무시는 것이 편하기 때문이다. 아비스코를 출발하여 지금까지 오며 난 함 교수가 유스호스텔 회원증을 갖고 있는 것으로 알았다. 내가 공동경비를 담당하기 때문에 지금까지 관리인들에게 오두막 이용료에 대한 경비를 지불해왔다. 그때마다 늘 회원임을 얘기했고 관리인들은 한번도 회원증 확인을 요구하지 않았다.

그런데 싱이의 관리인은 회원증을 보자는 것이다. 숙소 안의 침대에서 자는 바로 함 교수의 회원증 말이다. 그제서야 함 교수에게 회원증이 없다는 것을 알았다. 이미 회원증이 있다고 했기에 참으로 말하기 곤란한 상황이 생겼다. 어찌해야 할지 망설이다 좀 쉬었다 찾아서 보여주겠다고 말하며 일단 자리를 피했다. 그리고 모처럼 일찍 숙소에 도착한 터라 빨래도 하고 저녁을 먹고 이야기를 나누는 동안 유스호스텔 회원증은 정말이지 까맣게 잊고 있었다.

멋진 청년 스테판의 도보여행을 응원합니다

오두막의 부엌에서 저녁을 먹을 때다. 옆자리에 잠시 지나다 들

오두막도 좋지만 오늘은 텐트에서 잔다.
7성급 호텔로 생각하고 텐트에서 머무는 것을 즐긴다.
텐트 안은 의외로 나에게 사색의 시간을 준다.

른 한 청년과 노년의 세 커플 그리고 아가씨와 아저씨 이렇게 9명이 모여 이야기판이 벌어졌지만 그리 흥미롭게 느껴지지 않았다. 우리의 저녁식사가 끝나갈 쯤 이들의 이야기도 끝이 났는지 젊은이는 밖으로 나가 떠나려고 준비를 하는 것 같았다. 한 할아버지가 내게로 와 지금 이야기를 나눈 청년이 에스파냐에서 이곳까지 왔는데 걸어서 유럽을 통과하는 중이라고 했다.

이런 세상에! 서둘러 그 청년을 찾아 밖으로 나갔다. 그를 만나 떠나기 전에 잠깐 이야기를 들었으면 좋겠다고 하니 유쾌하게 응해주었다. 26세의 네덜란드 청년 스테판Stefan le Belle은 학생이다. 어린 암 환자들을 돕기 위해 유럽의 남쪽 에스파냐의 끝에서 출발해 북유럽의 노르웨이 끝으로 가는 장장 6,000km의 도보여행을 하는 중이라고 한다. 처음에 세운 계획은 230~300일 동안 유럽 10개국을 통과해 9월에 여행을 마무리하는 일정이었는데 그동안 잘 걸어온 덕에 총 8개월, 약 250일 정도면 여행이 끝날 것이라고 한다. 스테판은 2010년 12월 1일 에스파냐의 지브롤터 근처 타리파에서 출발해 세비야를 지나 비아 델라 플라타 길을 따라 걷고 카미노 프랑스 길을 걸었으며 프랑스를 지나 독일 그리고 네덜란드와 덴마크를 지나 지금 스웨덴의 쿵스레덴을 걷는 중이다. 그의 최종목적은 2011년 8월 어느 날 노르웨이 북쪽 끝 바렌츠 해의 노스케이프에 도착하는 것이다.

스테판은 겨울 추위를 피해 에스파냐의 남쪽에서 출발했고 춥디 추운 노르웨이의 북쪽에는 여름의 끝 겨울이 막 시작되어가는 시점에 도착하는 것으로 일정을 잡았다. 하루 평균 매일 30~35km 거

26세의 네덜란드 청년 스테판. 그는 어린 암 환자들을 돕기 위해
유럽의 남쪽 에스파냐의 끝에서 출발해 북유럽의
노르웨이 끝으로 가는 장장 6,000km의 도보여행을 하는 중이다.

리를 걸었다고 한다. 자기는 호기심이 많고 여행을 좋아하는데 자신이 좋아하고 잘 할 수 있는 것으로 남을 위한 봉사를 해보겠다는 생각에서 시작했단다. 어린 암 환자들을 돕기 위해 자기의 젊은 힘과 정신을 기부하는 것이란다(기부단체는 네덜란드의 KiKa이다). 그동안 많은 기업들이 그의 도보여행의 스폰서가 돼주었으며 개인 기부자들의 도움도 받았다고 한다.

길 떠나는 그의 걸음을 붙잡아 미안했지만 좋은 대화를 기꺼이 나누어준 것이 고마웠다. 서울에서 준비한 북마크를 선물로 주었고 함교수와 K의 동의를 얻어 소액의 기부금도 주었다. 스테판! 그대의 건강한 정신과 몸을 위하여 또한 그대의 한 걸음 한 걸음의 에너지가 어린 환자들의 회복으로 이어지길 바라는 마음으로 힘찬 격려의 박수를 보낸다. 스테판은 흐로닝언에 산다. 그곳은 나의 친구 헤니가 사는 곳이며 전에 한번 들렀던 도시다. 헤니로부터 네덜란드에서도 유난히 별난 도시라고 들었는데 스테판을 보니 정말 그런 것 같다. 한국에 돌아와 확인해보니 스테판은 예상보다 일찍 2011년 8월 3일 노르웨이 노스케이프에 도착했다. www.crossingeurope.nl에 들어가면 그의 도보여행에 관한 정보를 얻을 수 있고 www.flickr.com/photos/56603631@N07에서는 그가 올린 여행사진을 볼 수 있다.

친구 만들기의 비결

싱이의 오두막 숙소에는 북쪽에서 내려온 이들은 우리뿐이고 모두 케브네카이세를 둘러보고 온 이들이다. 스칸디나비아 산맥은 스칸디나비아 반도에서 남북으로 길게 뻗어 노르웨이와 스웨덴의 국경을 이루고 있다. 이 산맥의 동쪽 스웨덴에서 가장 높은 곳이 케브네카이세 산으로 스웨덴인들이 즐겨 찾는다는 곳이다. 산악인임을 자처하는 K가 케브네카이세에 오르지 못하는 것을 무척 아쉬워했다. 그 명산을 둘러보고 온 일행 가운데 노년의 세 커플은 어릴 적부터 친구라고 한다. 한 분은 동행한 친구의 오빠와 결혼했다. 오빠와 여동생 올케와 친구. 이렇게 어릴 적 소중한 추억이 있는 친구들과 함께 여행을 하고 나이가 들어감을 즐기는 것이 진정 복 받은 삶이 아닐까.

오늘 만난 이들 가운데 삼십대 초반으로 보이는 아주 매력적인 여인이 있었다. 피아Pia Myrthil. 그녀의 이름은 이탈리아 베로나에 사는 나의 친구와 같다. 그녀는 친구와 함께 이번 여행을 계획했는데 친구가 갑자기 병이 나서 혼자 왔다고 한다. 올해의 남은 휴가는 딸과 함께 보낼 것이라고 했다. 그녀는 딸 둘을 뒀고 나이는 46세. 큰딸은 보스턴에서 대학을 다니는데 제법 똑똑해 가끔 장학금을 받아 효도를 하고 작은딸은 스톡홀름에서 학교를 다닌다고 한다. 자신은 결혼을 정식으로 하지는 않았지만 남편은 있었는데 두 달 전에 헤어졌다고 한다. 남자들은 문제를 많이 일으킨다 말하며 허탈하게 웃었다. 피아는 나를 35세 정도로 보았는데 오두막에 기록된 내 생년월일을 보고 놀랐다고 한다. 여행을 하며 나이보다 젊게 보인다는 말을 많이 들었다. 서양 여자들보다 동양 여자들이 더 젊어 보이기 때문이다. 나도 처음에 그녀를 30대로 보았다. 왜냐하면 그녀가 혼혈

케브네카이세 산을 둘러보고 온 일행 중 노년의 세 커플은
어릴 적부터 친구인데 한 분은 동행한 친구의 오빠와 결혼했다고 한다.
이렇게 어릴 적 소중한 추억이 있는 친구들과 함께 여행을 하고
나이가 들어감을 즐기는 것이 진정 복 받은 삶이 아닐까.

로 약간 검은 피부이기 때문이다.

"나도 딸이 둘이랍니다. 모두 뉴욕에 있지요. 비싼 등록금으로 공부시키느라 고생 좀 했는데 지금은 다 독립했어요. 지금은 부모된 책임을 다 한 것 같아 좀 편한 마음으로 이렇게 여행을 다니고 있답니다. 난 말이죠, 딸들에게 앞으로 엄마의 노후를 위해 아주 조금씩이라도 매월 돈을 적립해놓으라고 했어요. 말로만 고마워요 할 것이 아니라 정말 나이가 들어가면서 경제적 능력이 사라지는 부모를 위해 도움을 줄 수 있도록 내가 요구했지요."

"아! 그거 참 좋은 방법이네요 나도 그렇게 해야 된다고 생각해요. 미리미리 준비하는 거죠. 서로가 말이에요. 하하하."

미소가 참으로 매력적인 피아를 보려면 홈페이지 www.loop.se에서 직원 소개란에 들어가면 된다. 또 다른 사람은 슈투트가르트 Stuttgart에서 왔다는 독일 청년이다. 그는 영화 속에서 나오는 맑고 차가운 인상의 독일 장교처럼 생겼다. 내가 여행지에서 만나는 사람들과 나누는 첫 번째 이야기는 그들이 사는 곳에 대한 역사나 문화 또는 해외 뉴스로 들은 작은 가십에서부터 시작된다. 어쩌면 이것이 많은 친구들을 만나는 비결인지도 모른다. 슈투트가르트라면 세계적으로 유명한 슈투트가르트 발레단과 수석 무용수 강수진이 있어 그 청년과 나눌 이야깃거리가 있다. 2007년에 동양 최초로 최고의 예술가에게 장인의 칭호를 공식적으로 부여하는 독일의 '캄머탠저린' Kammertanzerin, 궁정무용가에 선정된 그녀의 이야기가 텔레비전에 소개되었다. 그녀의 상처투성이 못난 발! 옹이처럼 튀어나

온 뼈, 뭉개진 발톱, 굳은살이 영광의 상처가 되기까지 그녀의 끝없는 노력을 보여주는 「세상에서 가장 아름다운 발을 가진 그녀」라는 다큐멘터리였다.

슈투트가르트 청년에게 그들이 자랑스럽게 생각하는 발레단에 대한 이야기를 꺼냈더니 초면에 까칠했던 그가 친절한 모드로 변했다. 잠깐! 여행 중 처음 만나는 사람들을 대하는 나의 노하우를 하나 얘기한다면, 처음 만난 사람과 대화 도중에 그 사람의 가장 좋은 점을 찾아내 칭찬하는 것이다. 예를 들면 작은 친절이나 공손한 매너를 보였을 때 당신은 정말 신사군요, 당신은 정말 친절하시군요, 라고 칭찬하면 적어도 만나는 동안 내내 신사인 척하거나 친절하려고 노력한다.

ⓘ **구간 안내**
- 셀카Sälka → 싱이Singi
- 거리: 12km | 소요시간: 4~5시간 | 코스 난이도: 하

🏠 **숙소 정보**

Singi Huts(고지 720m)
- 오두막: 3개 | 침대: 46개 | 카드사용, 개 동반가능
- 오두막 이용료(2/18~5/1): 260크로나 | 비회원+100크로나
  (6/17~7/15, 8/29~9/18): 290크로나 | 비회원+100크로나
  (7/16~8/28): 360크로나 | 비회원+100크로나
- 텐트 이용료: 무료 | 시설 이용료: 80크로나

PART 2

내 인생길
이 정도면
행복해

Singi 싱이 ▶ ▶ ▶ ▶
▶ ▶ Saltoluokta 실토루오크타

대자연이 선사하는 아름다운 선물

싱이|Singi ◐ 카이툼야우레|Kaitumjaure ◐ 테우사야우레|Teusajaure

무서운 모기 구름

싱이의 아침, 떠날 채비를 하는데 관리인이 찾아와 유스호스텔 증명서를 찾았는지 물어보며 보여달라고 한다. 나는 깜빡 잊었던 기억을 그녀는 챙긴 것이다. 없는 걸 찾을 수도 없고. 찾지 못했다고 하고 함 교수가 100크로나를 더 냈다. 관리인은 혹시 잃어버렸을 수도 있으니 지나온 숙소에 전화를 해서 알아보겠다고까지 했다. 참으로 친절하고 동시에 철저하게 직업의식으로 무장한 여인이다.

관리인으로 근무한 지 며칠 되지 않았다는 그녀의 꼼꼼함을 탓할 수는 없지만 지금까지 네 곳의 오두막을 지나며 관리인들은 유스호스텔 회원인지만 물었고 증명서는 보자고 하지 않았다. 내가 공동경비를 담당해서 숙박비와 부엌 사용료를 지불하기 때문에 셀카에서 대표로 내 유스호스텔증을 보여주었을 뿐이다. 숙소 관리인들은 방문자들을 믿기 때문이다. 관리인은 정당한 요구를 한 것이지만 살짝 불쾌한 기분이 들기도 한다.

모두들 아침식사를 마치고 설거지를 한 뒤 그릇을 정돈해놓고 설거지를 한 오물통도 지정된 곳에 갖다 버리고 새로 물도 떠다 놓았다. 숙소에서 묵은 이들은 자고 난 방의 침대까지 정리한 뒤 출발을 위해 모두들 밖으로 나왔다. 어제 내게 스테판 애기를 해주신 할아버지는 신발 앞부분이 터져 벌어진 부분을 테이프와 끈을 이용해 동여매고 있었다. 낡은 신발을 신고 오면서 혹시나 하는 마음에 강력 테이프를 들고 오셨다고 한다. 글쎄, 우리 같으면 새로 사 신고 왔을 것이다. 근데 할아버지의 이런 모습이 왜 멋있게 보이는 걸까. 할아버지 일행의 최종 목적지는 살토루오크타다. 그곳에서 이틀 정도 놀다가 집으로 간다고 한다. 다시 길에서 만날 수 있을까? 이 세 커플은 침대에서 자면서 이동하기에 짐이 간단하다. 침낭도 필요 없다. 이불과 베개가 숙소에 준비되어 있기 때문에 이것들에 뒤집어씌울 시트커버만 들고 다닌다. 다 접으면 작은 수건 한 장 접어놓은 크기의 여행용 시트커버다.

싱이를 떠나 셰크티아 강을 따라간다. 그러니까 아직도 셰크티아 계곡을 걷고 있는 것이다. 지금까지는 키 작은 덤불숲을 걸었는데 카이툼야우레가 가까워지자 키 큰 자작나무 숲이 나왔다. 깊은 협곡을 따라 흐르는 물살이 거셌다. 자작나무 널빤지가 밝은 햇살 아래 바싹 건조되어 뽀얗게 긴 다리를 내주어 걷기 편했다. 반대편에서 오는 커플이 있어 얼마쯤 가야 카이툼야우레가 나오는지 물으니 처음에는 인상을 써가며 한두 시간은 가야 한다고 농담을 하다가 이

지금까지는 키 작은 덤불숲을 걸었는데 카이툼야우레가 가까워지자
키 큰 자작나무 숲이 나왔다. 자작나무 널빤지도 밝은 햇살 아래
바싹 건조되어 뽀얗게 긴 다리를 내주어 걷기 편했다.

카이툼야우레의 관리인은 오두막 안으로 들어가더니
곰만큼 덩치가 큰 개를 데리고 나왔다.
"헤이, 심바! 멋지게, 멋지게 찍자. 찰칵!"

내 활짝 웃으며 20분만 가면 도착할 것이라고 한다. 오늘은 비교적 일찍 8/50분에 출발했다. 싱이에서 13km 떨어져 있는 카이툼야우레 오두막에 나와 함 교수는 네 시간 만에 도착했다. 이 정도면 괜찮은 속도다. 물론 K는 더 빨리 도착했다.

카이툼야우레에는 모기가 많다. 어느 정도인가 하면 모기 망을 뒤집어쓰고 손을 공중으로 휘저으며 주먹을 쥐었다 펴면 손바닥에 모기 한두 마리가 죽어 있다. 모기를 잡기 위해 손바닥을 마주치면 쉽게 몇 마리를 잡을 수 있다. 세상에 모기가 이렇게 많다니. 카이툼야우레 오두막 부엌에서 모기를 피해 가며 점심을 먹었다. 난 모기를 피해 도망가고 싶은데 우리보다 늦게 도착한 피아는 이곳에서 머물 것이라며 짐을 푼다. 카이툼야우레의 관리인에게 오두막을 배경으로 그를 찍고 싶다고 하니 심바와 함께 사진을 찍겠다며 잠깐 기다리란다. 심바? 그는 오두막 안으로 들어가더니 곰만큼 덩치가 큰 개를 데리고 나왔다. "우리 심바를 멋지게 찍어주세요!" 관리인은 신나서 말했지만 심바는 게으른 것인지 졸다가 나온 탓인지 기운 빠져 보이는 모습으로 마지못해 주인 옆에 앉았다.

"헤이, 심바! 멋지게, 멋지게 찍자, 찰칵!"

우리의 오늘 목적지는 카이툼야우레에서 9km 정도 떨어진 테우사야우레까지 가는 것이다. 카이툼야우레를 떠나며 몇 가지 필요한 식품을 샀다. 테우사야우레에는 가게가 없기 때문이다. 식당을 이용했기 때문에 이용료로 1인당 40크로나씩 120크로나를 지불했다. 돈은 철저하게 계산한다. 카이툼야우레를 지난 지 얼마 되지 않아

세차게 흐르는 강물 위의 현수교를 지나는데 '텐트는 바로 이런 곳에 쳐야 한다'는 생각이 들 만큼 멋진 장소가 펼쳐졌다. 카이툼 강 Kaitumjåkka이 세차게 흐른다. 넓은 강은 폭포처럼 흐르고 산자락을 타고 내려오는 물줄기도 작은 폭포를 이루며 강으로 흘러들어온다. 이 카이툼 강은 셰크티아 강과 만나 커다란 카이툼야우레 호수로 모인다. 그 커다란 호수를 바라보고 있는 자리에 카이툼야우레 오두막이 있다. 앞서 간 함 교수가 물가에서 휴식을 취하고 있기에 함께 신발을 벗어놓고 발도 씻고 세수도 하며 한참 동안 놀았다.

오늘도 순록우리를 지난다. 길은 순록우리 안을 통과해 이어진다. 물론 순록은 이 시기에 여기에 없다. 테우사야우레 가는 길은 카이툼야우레에서 산을 하나 넘어가는 것이다. 짧지만 오르막길을 가야 한다. 오두막은 급경사의 내리막 끝에 있는 테우사야우레 호숫가에 있다. 자작나무 숲에 놓인 널빤지 길 스팽을 따라가다보면 강은 폭이 좁아져 협곡을 이루고 거센 물소리가 들린다.

갑자기 하늘에 공중전이 펼쳐졌다. 이름을 알 수 없는 하얀 새와 검은 새가 주인공이다. 하얀 새가 작고 검은 새를 잡아채려고 한다. 치열하다. 검은 새는 필사적으로 도망가려고 한다. 일반적으로 선과 악을 말할 때 하얀색은 밝아서 선을 의미하고 검은색은 어두워서 악을 의미한다. 그런데 지금 펼쳐지는 공중전을 보면 검은 새에게 무섭게 달려드는 하얀 새가 악마 같다. 검은 새가 숲속으로 떨어지듯 날아갔다. 하얀 새가 뒤쫓는다. 난 혹시나 하는 마음에 호루라기를 꺼내 힘껏 불었다. 하얀 놈이 놀라서 도망이라도 가면 그 검은 새가

카이툼 강이 세차게 흐른다. 앞서 간 함 교수가
물가에서 휴식을 취하고 있기에 함께 신발을 벗어놓고
발도 씻고 세수도 하며 한참 동안 놀았다.

도망가거나 기운 차릴 시간이라도 벌어줄 마음에서다. 수호천사라도 된 듯이 호루라기를 몇 번 불었지만 하얀 새가 날아가는 기적을 느끼지는 못했다. 어쩌면 내가 대자연의 순리에 따른 남의 밥그릇을 깨뜨리려고 한 것은 아닐까 생각해보며 길을 재촉했다.

자작나무 불꽃 속으로 빨려들어간 시간

내리막은 오르막보다 힘들다. 게다가 800m에서 450m로 내려가는 급경사 길이다. 무릎도 더 아파온다. 조심조심 공들여가며 내려가니 작은 오두막이 나타났다. 카이툼야우레에서 이곳까지 약 5시간이 걸렸다. 약간 경사가 있는 오르막을 올라선 뒤 경사가 심한 내리막이 있었기 때문이다. 내리막길이 힘들었다. 테우사야우레 오두막은 뒤로는 장쾌하게 폭포가 떨어지고 앞으로는 호수와 대산맥이 길게 뻗어 있는 곳에 자리 잡고 있다. 그냥 며칠 묵었다 가고 싶은 곳이다. 나와 K는 오늘도 텐트를 쳤다. 이런 최상의 위치에 언제 다시 텐트를 칠 기회가 있을까 싶다. 텐트를 치고 빨래를 해서 자작나무 사이에다 빨랫줄을 만들어 널어놓았다. 널어놓은 빨래를 보며 뿌듯한 기분이 드는 건 왜일까?

이곳은 자작나무 숲속에 사우나용 오두막이 있었다. 굴뚝에 연기가 피어오르는 모습이 정겹다. 나무 태우는 냄새는 고단한 여행자의 피로를 푸는 향기다. 뜨거운 사우나의 열기보다 굴뚝에 피어오르는 연기와 향기가 앞서서 피로를 풀어준다. 한 사람이 사우나에서 나와 사우나 밖에 있는 간이 수도꼭지를 틀어 차가운 물로 샤워

테우사야우레 오두막은 뒤로는 장쾌하게 폭포가 떨어지고
앞으로는 호수와 대산맥이 길게 뻗어 있는 곳에 자리 잡고 있다.
이런 최상의 위치에 언제 다시 텐트를 칠 기회가 있을까 싶다.

하는 모습이 보였다. 강에서 끌어올린 물이 타고 흐르는 고무관을 위로 매달아놓은 것이다. 어찌나 시원해 보이는지. 나의 순번을 기다려보는데 애매하다. 사우나가 하나 있는 경우 먼저 여자가 사용하고 다음에 남자가 사용하며 그다음은 남녀가 같이 사용하는 시간이 주어진다. 이때 가족들이 사우나를 이용한다. 이미 여성전용 시간은 지나 남자들의 시간이다. 관리인에게 부탁해 잠시 여성전용 시간을 달라고 했다. 고맙게도 시간을 배정해주어 사우나를 즐길 수 있게 되었다.

사우나실의 창문으로 자작나무 숲과 호수 그리고 거대한 산이 보였다. 대자연의 깊은 골짜기에서 시원한 숲과 호수를 바라보며 사우나를 즐기는 지금 이 순간 내게 부러운 것은 없다. 자작나무는 타는 불길이 특히 아름답다. 나무의 흰 껍질에 기름이 많아서다. 내가 처음으로 자작나무를 태웠던 기억은 14년 전 한겨울 바이칼을 여행했을 때다. 결혼을 의미하는 '화촉을 밝히다'의 그 화촉이 자작나무 껍질에서 나온 기름으로 만든 것이라 들었던 터라 자작나무 껍질을 태워보고 싶었다. 함께 있던 친구들의 도움으로 자작나무로 지은 오두막에 머물며 자작나무 불꽃을 원 없이 즐겼다. 지천으로 널린 것이 자작나무와 그 껍질이었기 때문이다.

바이칼에서 보냈던 추억이 떠올라 보일러의 자작나무를 뒤적이며 불꽃을 더 키워본다. 활활 타오르는 불꽃! 꿈같은 시간이 흐른 것 같다. 어느새 엄마가 나를 시집보내며 화촉을 밝힌 지 30년이 지났으니 말이다. 사랑하는 딸을 위해 내가 화촉을 밝힌 지도 2년이 넘었고 아직 화촉을 밝히지 않은 딸도 있다. 불꽃을 보며 잠시 생각에 젖는 사이 천 리인 듯 만 리인 듯 긴 시간여행을 한 것 같다. 데운 물로 몸을 씻기도 하고 밖으로 나와 차가운 물을 틀어 샤워도 하니 제대로 피로가 풀린다. 그러나 마냥 즐길 수는 없었다. 차가운 물에 맥주 캔을 담가 놓고 사우나를 기다리는 남성들이 있기 때문이다.

오두막의 공용공간은 늘 부엌이다. 빛이 들어오는 창가에 앉아 아마존 킨들로 전자책을 보는 이가 있었다. 전형적인 북게르만인으로 웃음도 없고 인사도 없고 주변에 관심도 보이지 않는다. 내일은 우리 앞을 가로막은 호수를 보트를 타고 건너야 한다. 보트 예약을 위해 현지에 있는 자료를 찾아야 했다. 그래서 부엌 안의 게시판을 둘러보느라 조용히 앉아 책을 보는 그와는 달리 부산히 움직여야 했다. 게시판을 통해 보트의 첫 배는 8시에 있고 미리 관리인에게 얘기해야 한다는 정보를 얻었다. 내일 우린 바코타바레에 간다. 바코타바레는 자동차가 다니는 길가에 있으며 다음 목적지 살토루오크타까지는 어차피 버스로 이동해야 하기 때문에 버스시간만 잘 맞춘다면 하루를 절약하게 된다. 그렇다면 버스 운행시간에 잘 맞추어 바코타바레에 도착해서 버스로 이동해 살토루오크타로 가서 쉬는 것이 좋다. 그럼 하루에 몇 번 운행하지 않는 버스시간을 알아야 한다.

버스 시간표를 알기 위해 다시 두리번거리다 무심한 척 전자책에 빠진 남자에게 얘기를 건넸다. 그는 앞서 사우나를 즐기며 찬물을 뒤집어썼던 껑다리 매그너스Magnus다. 그는 내가 말을 걸기라도 기

산책을 즐기려고 텐트를 열고 밖으로 나왔다.
황금빛으로 물든 앞산이 떡 버티고 서 있었다.
자정이 넘은 시간에 이런 장면을 보게 된다는 것이 놀라웠다.
백야! 자연이 주는 아름다운 선물에 감사를 표한다.

다렸다는 듯 반응을 보였다. 우리는 서로 정보를 나누었다. 마침 우리와는 거꾸로 바코타바레에서 오신 내외가 있어 물어보니 자신들은 일곱 시간이 걸렸는데 길에서 충분히 쉬면서 왔다고 한다. 바코타바레에서 살토루오크타로 가는 버스는 하루에 9/50분, 15/20분 이렇게 두 번 있다. 테우사야우레에서 바코타바레까지 일반적으로 안내 된 소요시간은 4~5시간이다. 난이도 상에 해당하는 코스다.

우리의 걸음으로라면 두 시간이 더 걸릴 테니 9시에 출발한다면 3/20분 차를 탈 수 없을 것이다. 하루 더 바코타바레에서 잠을 자야 한다. 뭐 그렇게 해도 되겠지만 노력을 해보는 것이 좋을 것 같아 함 교수와 K에게도 얘기하고 관리인에게 보트 출발시간을 조정해줄 수 있는지 물었다. 이리하여 보트 출발시간을 7/30분으로 조정했다. 나의 스케줄에 귀 기울이던 매그너스에게도 우리는 7/30분 배를 타고 갈 것이라고 했다. 자, 이제 휴식과 함께 이곳을 즐기면 된다.

쿵스레덴에서 1인용 텐트는 내게는 7성급 호텔이다. 물론 텐트를 치고 바닥에 까는 매트리스가 그리 안락하진 않지만 저녁에 그 안에서 혼자 하루를 마무리하는 순간에는 텐트가 7성급 호텔로 느껴진다. 텐트 안에서 잡다하고 소소한 짐을 챙기고 버리며 내일을 위해 공부해온 노트를 읽은 뒤에 산책을 즐기려고 텐트를 열고 밖으로 나왔다. 황금빛으로 물든 앞산이 떡 버티고 서 있었다. 마치 만화영화의 배경처럼 말이다. 자정이 넘은 시간에 이런 장면을 보게 된다는 것이 놀라웠다. 백야! 자연이 주는 아름다운 선물에 감사를 표한다. 내가 언제 이런 장면들을 다시 볼 수 있을까? 두려움 없이 호숫가를 산책했다.

그런데 황금빛으로 물든 거대한 산이 바로 아래에 있는 넓은 호수가 아니라 그보다 작은 웅덩이의 거울 같은 물 위로 쑤욱 얼굴을 들이밀고 있었다. 화려한 도시의 빌딩숲에서 만들어내는 인공의 조경보다 더 아름다운 대자연이 만들어내는 빛의 조화다. 고요하고 맑은 기운이 흐르는 이 밤 내 어찌 잠이 올까. 호숫가에 앉아 황금빛으로 물든 산을 바라본다. 이렇게 낯선 곳에 앉아 있는 내가 낯설지 않음을 느낀다.

인생길이 곧 순례 길이듯 나의 순례 길도 이 정도면 행복하다고 말할 수 있어야 하지 않을까? 나 스스로에게 묻고 답을 한다. 나에게도 힘들고 마음 아픈 일이 왜 없을까마는 말해 무엇하리요. 그래 남들이 팔자 좋은 김효선이라고 하는데 그 말 감사하게 듣고 상처난 가슴은 열어 보이지 말자. 긍정적인 생각은 긍정의 결과를 만든다고 하지 않던가. 좋다! 난 행복해. 팔자 좋아 그렇고말고. 그래. 순간순간 아름답게 보고 감사하게 생각하리라. 아름다워요! 감사합니다! 이런저런 생각들이 한없이 이어지는 밤이다.

① 구간 안내

- 싱이Singi → 카이툼야우레Kaitumjaure
- 거리: 13km | 소요시간: 4~5시간 | 코스 난이도: 중
- 카이툼야우레Kaitumjaure → 테우사야우레Teusajaure
- 거리: 9km | 소요시간: 3~4시간 | 코스 난이도: 하

🏠 숙소 정보

Kaitumjaure Huts(고지 600m)

- 오두막: 2개 | 침대: 30개 | 가게, 카드사용, 개 동반가능
- 오두막 이용료(2/25~5/1, 6/17~7/15, 8/29~9/18): 260크로나 |
  비회원+100크로나 (7/16~8/28): 290크로나 | 비회원+100크로나
- 텐트 이용료: 무료 | 시설 이용료: 80크로나 |
  부엌 이용료: 1인당 40크로나

Teusajaure Huts(고지 525m)

- 오두막: 2개 | 침대: 30개 | 사우나, 카드사용, 개 동반가능
- 오두막 이용료(2/25~5/1, 6/17~7/15, 8/29~9/18): 290크로나 |
  비회원+100크로나 (7/16~8/28): 320크로나 | 비회원+100크로나
- 텐트 이용료: 무료 | 시설 이용료: 110크로나

* 테우사야우레 오두막에서 첫 배는 8시, 마지막 배는 저녁 7시에 출발
  한다.
  그러나 필요에 따라 운행시간을 조정할 수 있다.
  보트 탑승시간: 5분 정도
  보트 이용료: 어른 60크로나 | 비회원 80크로나 | 어린이 25크로나

대자연이 선사하는 아름다운 선물

사소한 것들이 감동이 되는 곳

테우사야우레Teusajaure ◐ 바코타바레Vakkotavare ◐ 살토루오크타Saltoluokta

걸으면서 맛보는 안락한 휴식

오늘 아침은 보트 예약시간에 맞추려고 다른 날과 달리 서둘렀다. 일찍 식사를 마치고 배낭과 텐트를 거두고 떠날 채비를 하니 관리인이 나왔다. 매그너스도 같이 출발하겠다고 했다. 배를 타는 시간은 아쉬울 정도로 매우 짧은 5분이다. 바코타바레에서 타야 하는 버스 시간이 정해져 있기 때문에 오늘은 걷는 내내 시간을 신경 써야 한다. 호숫가를 벗어나는 구간에서부터 자작나무 숲길이 이어졌다.

숙소에서 출발하여 얼마 지나지 않아 짧지만 재밌는 해프닝이 있었다. K는 작고 다부진 모습이다. 배낭도 큰 것을 짊어졌다. K는 함께 걷는 키가 190cm 이상인 독일과 스웨덴의 젊은이들보다 늘 앞서 가며 빠르게 걷는다. 오늘 그 건장한 청년들이 K를 따라가려고 속도를 내어 경쟁하듯이 가다가 이내 포기했다. 그중의 한 명은 독일의 슈투트가르트에서 온 청년인데 람보에 버금가는 거구에 근육 발달이 예사롭지 않다. K는 그들을 따돌리고 앞서 가는 것을 은근하게 즐기는 눈치다. 이 거구의 젊은이들은 정말 K를 이기려고 속도를 내본 것이 아니다. 잠시 해프닝을 벌인 것이다. 곧 각자의 방식대로 걸어갔다. 앞을 다투어 경주하듯이 걷기 위해 쿵스레덴을 온 것이 아니기 때문이다.

보통 평지는 시간당 4km 정도를 걷겠지만 쿵스레덴은 산길이다. 대부분 계곡을 따라가지만 산허리를 타고 걷기도 하고 산비탈을 오르기도 하고 산을 넘기도 한다. 그래서일까. 보통 시간당 2~3km를 걷는다. 물론 부지런히 앞서 가는 K도 길에서 많은 즐거움을 얻었으리라 생각하지만 그의 속도는 조금 무리라고 생각한다. 길을 즐기는 방법이 다름을 안다. 이번 여행을 하며 함 교수, K, 그리고 나는 예의를 다해 지낸다. 그리고 혹시라도 들어서 조금이라도 불편할 말 같으면 서로 하지 않았다. 작은 불평의 말도 피곤할 때 들으면 기분 나쁘게 받아들일 수 있기 때문이다.

자작나무 숲을 지나 완만한 경사에 이어 급경사의 산비탈을 가파르게 올라갔다. 오늘은 마치 외봉 낙타의 등을 넘는 것 같다. 총 15km 구간인데 약 500m 고지에서 가파른 경사로 900m를 올라 산등성이를 좀 걷다가 다시 440m 거리의 급경사 비탈을 내려가야 하는 코스로 매우 걷기 힘든 길이다. 산비탈을 힘겹게 올라서니 산마루가 평탄한 분지처럼 넓게 펼쳐졌다. 여러 개의 축구장을 만들어도 될 것 같다. 이름 모를 수많은 야생화는 도보여행자의 발걸음을 흉내라도 내는 건지 바람결에 한들한들 춤추고 사람을 겁내지 않는 새들은 낮게 날아다니며 우리를 희롱한다. 이럴 때 도보여행자들은 자신도 모르게 복잡한 생각에서 벗어나 하나의 주제에 빠져 명상에 젖어든다. 깊고 고요한 사색에 몰입하게 되는 것이다. 명상으로 정리 정돈된 몸과 마음은 상쾌해진다. 걸으면서도 안락한 휴식을 느끼며 나를 깊게 들여다보는 귀한 체험을 한 여행자들은 고단한 도보여행을 주저하지 않는다.

갑자기 이 높은 산마루에 어린아이들이 까르르 웃어대는 소리가 들렸다. 나의 명상을 흐트러트리는 소리였다. 멀리 망원경으로 당겨 보니 4~6세 정도의 두 아이가 뛰어노는 모습과 텐트를 접으려는지 짐을 정리하는 부모의 모습이 보였다. 세상에나! 저 어린아이들을 데리고 저렇게 많은 짐을 꾸려 여행을 오다니. 부럽긴 하지만 얼마나 힘들었을까.

오늘은 잠깐잠깐 쉬면서 걸음에 속도를 냈다. 이미 K는 보이지 않고 함 교수는 나보다 좀 뒤처져 걷고 있다. 매그너스도 틈틈이 쉬면서 간다. 처음에 말 걸기가 어색할 정도로 딱딱한 사람이었지만 이야기를 나누다보니 한결 부드러워졌다. 오늘 함께 걷고 있는 야콥과 울프람은 두꺼운 책을 들고 왔는데 길을 걷는 중간중간 책을 읽으며 휴식을 취한다. 두꺼운 책이라도 우리나라 책과 달리 가볍다. 매그너스도 쉴 때마다 전자책을 읽는다. 그의 배낭에는 태양열 충전 배터리가 대롱대롱 매달려 있다. 태양열로 전자책 리더기를 충전해가며 책을 읽는 것이다. 난 그가 전자책을 읽고 있는 아마존 킨들이 자꾸 볼수록 맘에 들었다. 아마존 킨들보다 훨씬 다양한 기능을 갖춘 최신 아이패드 2를 들고 온 나지만 은근히 탐난다. 아마

존 킨들은 아이패드로 책을 보는 것보다 뭔가 아날로그적인 느낌이 들고 전자기계에서 다정한 분위기가 느껴졌다.

여행의 화룡점정! 연인을 만나다

오늘도 길을 걷다가 마주치는 이들이 많았는데 대부분 당일 산행을 온 이들이었다. 구글 지도상으로 송전탑이 보이면 바코타바레에 다 온 것인데 좀처럼 송전탑이 보이지 않았다. 앞쪽에서 헬기 소리가 요란스럽게 들리더니 내 머리 위를 지나 산등성이에 낮게 내려 앉는 것이 보였다. 무슨 일이 있나? 사고라도 났나? 궁금해하는데 가파른 내리막이 나타났다.

드디어 송전탑이 보이기 시작했다. 그렇다면 바코타바레에 도착한 것이다. 가이드북이 안내한 소요시간은 4~5시간인데 K는 3/50분 만에 도착했다고 자랑스럽게 말했다. 이곳에 오니 전화가 된다며 그는 밀렸던 전화와 문자, 인터넷을 즐기고 있었다. 6일 만에 전화가 되는 지역으로 온 것이다. 마치 가뭄에 단비 내리듯 모두 휴대폰에 얼굴을 부딪칠 듯이 묻고 문자를 보내고 전화를 해댔다. 이곳까지 온 감상은 이내 사라져버렸다. 휴대폰을 아예 꺼놓고 깊숙이 넣어둔 나는 휴대폰에 빠진 이들을 바라보며 속으로 말했다. '그놈의 휴대폰'이라고. 내겐 휴대폰을 사용할 수 있는 것보다 살토루오크타로 가는 버스 출발시간 안에 도착한 것이 기뻤다. 부지런히 걸은 덕에 나는 5/40분 걸려서 왔고 함 교수도 곧이어 도착했다.

이곳에서 슈투트가르트에서 온 잘생긴 독일 장교는 엘리바레로 가서 기차 타고 스톡홀름으로 간 뒤 비행기로 집에 갈 것이고, 영화배우 스티븐 시걸을 연상시키는 독일 친구 울프람은 크비크요크까지 가는 것이 목표이며, 매그너스와 우린 전 구간을 걷는 것이 목표다. 그리고 말 없는 녀석 야콥도 어디까지 가는지 알 수 없지만 지금 우리와 함께 버스를 기다린다. 바코타바레의 숙소 앞 테라스에는 테이블이 여러 개 놓여 있다. 테이블에 앉아 버스를 기다리며 각자 소지한 버너를 꺼내 물을 끓여 비상식량으로 요리된 스파게티를 먹거나 커피를 끓여 마시는데 우린 라면을 끓여 먹었다.

버스를 기다리며 한담을 즐기는데 헬기가 다시 지나갔다. 관리인에게 헬기가 산 정상에 내려앉는 것 같던데 산에 무슨 사고가 일어났는지 물었다. 아마도 헬리콥터 택시일 것이란다. 헬기를 타고 산 정상에 내려 하루 이틀 머물다 다시 헬기를 타고 내려가는 사람들을 운송하는 헬기 택시 말이다. 헉! 그럼 애들을 데리고 온 가족들은 헬기 택시를 이용해서 왔다는 것인데. 와! 멋지다. 버스 출발시간이 되어 모두 일어서니 슈투트가르트 청년이 모두에게 손을 내밀어 여행을 잘하란 마무리 인사를 예의바르게 했다. 자신은 이곳에서 하루 자고 갈 것이란다. 영화배우같이 멋지고 젊은 아가씨가 이곳 관리인이다. 버스를 기다리는 사이 내내 그녀와 같이 이야기를 나누더니 그만 발길이 떨어지지 않나보다. 젊은 선남선녀가 만났는데 하룻밤 더 머물며 로맨스를 싹틔우는 게 이상할 리 없다. 그들에게는 이 만남이 여행의 화룡점정 아닐까? 좋은 시절이다.

버스는 15/20분 제시간에 맞추어 왔는데 요금기계가 고장이 난

탓으로 오늘은 받지 않는다고 한다. 이런 행운도 있다. 도중에 한 국립공원의 마운틴 스테이션에 들른 뒤 살토루오크타의 선착장에 내려주었다. 바코타바레에서 약 40분 정도거리다. 고마운 마음에 버스기사에게 북마크를 선물로 주었다. 의외의 선물에 기뻐하는 그녀를 보니 나도 만족스럽다. 선착장에는 버스 도착시간에 맞추어 배가 기다리고 있었다. 이 배는 STF 살토루오크타 마운틴 스테이션에서 운영하는 것이다. 이미 여러 명이 배를 타고 있었다. 이곳에서부터 쿵스레덴을 걸어 남쪽 혹은 북쪽으로 가려고 방금 도시에서 온 여행객들이다. 아비스코에서 걸어온 사람은 울프람, 매그너스, 야콥, 우리 셋이다.

문명의 달콤함에 취하다

매그너스와 야콥, 울프람은 살토루오크타에서도 텐트를 친다. 우린 깨끗하게 정돈된 방의 침대에서 머물기로 했다. 이곳 시설을 이용하며 간만에 문명의 편리함을 즐기고 충분히 쉬기로 한 것이다. 친절한 숙소 직원이 4인용 방을 주었다. 수세식 화장실이 있고 전기가 들어오니 방전된 배터리도 충전할 수 있다. 무선 인터넷도 된다. 뭐 이런 아주 기본적인 일이 가능하다는 것이 이렇게 반갑고 신기하다니. 휴대폰을 켜는 순간 쏟아지는 문자들. 헉! 제일 먼저 홈플러스 수박 세일 문자가 뜬다. 수박이라. 그동안 산에서 우리가 먹은 과일은 복숭아 통조림이 전부였다.

아비스코를 떠나 전기와 통신이 공급 안 되는 지역을 통과하며

사소한 것들이 감동이 되는 곳

살토루오크타 마운틴 스테이션에는 수세식 화장실이 있고
전기가 들어오니 방전된 베터리도 충전할 수 있다. 무선 인터넷도 된다.
이런 아주 기본적인 일이 가능하다는 것이 이렇게 반갑고 신기하다니.

숙소 벽면에 걸린 흑백사진이 눈에 띄었다. 나중에 살토루오크타 숙소에서 다시 만난 할아버지가 이 궁금증을 풀어주었는데, 사진 속 주인공은 현재 스웨덴 왕 칼 구스타프 16세의 할아버지인 구스타프 5세라고 한다.

배터리를 아끼고자 한번도 음악을 듣지 않았다. 전기가 공급되니 마음 놓고 아이폰에 저장된 음악을 듣는다. 그리그의 「페르 귄트 조곡 제1번」Peer Gynt Suite No.1 Op.46을 듣는 순간 시원한 바람이 온몸을 휘돌아 폭포수처럼 감동이 쏟아진다. 음악으로 샤워하는 기분이다. 이어폰을 끼고 빙글빙글 돌며 춤을 출 만큼 행복했다. 다음은 내가 좋아하는 오빠! 베토벤의 「전원교향곡」. 꺅! 아 즐겁고 행복한 음악이여!

오두막에 있는 가게에서는 아이스크림과 과일도 판다. 냉장고에는 시원한 음료가 있으며 식사도 세 끼 다 사먹을 수 있다. 신선하고 촉촉한 빵과 함께 방금 내린 커피도 마실 수 있다. 이런 사소한 일들이 다 감동이다. 살토루오크타 마운틴 스테이션은 여행자들이 실내 곳곳에서 쉴 수 있을 만큼 넓다. 어느새 텐트에서 머무는 친구들이 실내 곳곳에 설치된 전기코드를 통해 충전하면서 와이파이를 이용해 인터넷을 즐긴다. 매그너스도 휴게실 소파에 길게 누워 휴대폰으로 인터넷 검색을 즐기고 있다. 저녁식사를 기다리는 동안 K와 함 교수도 침대에 누워 인터넷을 즐긴다. 빨래를 해서 건조실에 널어 두고 편안함을 맘껏 즐기는 것이다. 인터넷을 즐기느라 곳곳에 사람이 있어도 말들이 없다. 난 여기저기 주변을 돌아다니며 만져도 보고 들춰도 보고 냄새도 맡으면서 직접 겪으며 검색한다. 벽면에 걸린 흑백사진이 눈에 띄었는데 선착장에 내린 귀빈이 환영을 받는 사진이다. 사진 속의 인물이 궁금했다. 이 길을 만들자고 제안한 STF 총재일까?

살토루오크타 마운틴 스테이션의 시설은 매우 좋다. 빨래를 해서 건조시키는 방도 훈풍이 불어 젖은 옷들이 잘 마른다. 이곳의 사우나는 남녀용으로 방이 구별되어 있다. 찬물도 수도꼭지만 틀면 쏟아지고 넓은 창을 통해 산과 호수를 바라보며 즐길 수 있는 멋진 사우나실이다. 사용시간 제한이 없는 이곳에서 그동안 감질나게 한 사우나를 맘껏 즐기기로 작정했다. 사우나에서 즐거운 만남도 있었다. 시집간 자매 셋이 가족 모두를 데리고 휴가를 즐기러 왔다고 한다. 카약을 타고 가벼운 산행을 하며 3박 4일을 머문다고 했다. 나도 자매만 다섯 명인데 한번도 총출동해서 여행을 간 적이 없다. 부럽다! 형제가 많은 이들의 특성은 어디서나 잘 어울리는 것이고 성격이 까칠하지 않다. 우린 벌거벗고 만났지만 편하게 대화를 시작했다. 모두 언어의 불편함을 모르는 이들이라 몇 나라 말을 할 줄 아는지 물으니 스웨덴어, 영어, 독일어, 노르웨이어, 핀란드어를 한다고 한다.

난 언어를 모든 교류의 시작으로 생각한다. 다양한 목적으로 외국을 찾는 여행자들은 나라 간 교류를 실천하는 이들이다. 유럽 시민들은 대륙 간 교류가 활발하다보니 인근 국가의 말은 물론 교류가 잦은 국가의 언어를 쉽게 배울 기회가 있다. 쉽게 언어를 배울 수 있는 것은 우선 공통으로 사용하는 알파벳 덕분이기도 할 것이다. 알파벳은 이집트 상형문자가 무역활동이 활발했던 페니키아인들에 의해 쓰기 편리한 표음문자로 변형된 것이다. 이 문자가 페니키아와 교역이 활발했던 그리스로 넘어가 그리스 알파벳으로 변형

되었으며 이것이 또 라틴 알파벳으로 변형되었다. 라틴 알파벳은 오늘날 대부분의 유럽권에서 쓰이는 알파벳의 기원이 되었다. 그러니 서로 교류가 잦은 유럽인들이 문자가 비슷한 언어를 쉽게 배울 수 있는 것이다. 이들에게 우리나라는 물론 중국, 일본의 언어를 배우고 접하는 것은 힘들다. 전혀 다른 문자이기 때문이다. 사우나의 열기를 잘 견디는 어린 소녀가 한국어는 어떤 소리인지 듣고 싶다고 했다. 이런 관심이 즐거워 급하게 떠오른 「작은 별」을 한국어로 불렀다.

"반짝반짝 작은 별, 아름답게 비추네."

노래를 아는지 소녀는 웃으며 영어로 따라했다. 그렇다! 이러한 만남에서 시작된 호기심으로 이들은 많은 언어를 배울 수 있었을 것이다. 그들이 떠난 뒤 사우나를 혼자서 통째로 즐기는 시간을 가졌다. 지금쯤 헬스클럽에서 운동을 마친 뒤 답답한 지하의 사우나에 앉아 땀을 흘리고 있을 친구들을 떠올리며 난 자작나무 숲을 향해 대만족의 미소를 짓고 소리쳤다. 야후~~~~.

살토루오크타의 레스토랑은 STF 마운틴 스테이션 가운데 음식이 맛있기로 소문난 곳이란다. 뷔페로 제공되는 저녁식사가 특별하게 시작되었다. 직원들이 지정된 자리에 손님이 앉도록 돕고 나서 저녁식사를 도울 직원과 요리사를 소개했다. 닫혀 있는 주방의 문을 열고 키 큰 요리사가 나와서 "에, 오늘의 애피타이저는…… 메인요리는 순록 불고기인데요." 뭐 이렇게 오늘 준비한 음식을 소개하고 들어갔다. 술을 서빙하는 직원이 음식에 어울리는 술을 설명한 뒤

레나르트는 81세의 스웨덴 할아버지다.
한국이 모든 부분에서 발전해나가는 모습을 보는 것은
한국전쟁을 기억하는 자신에게 기쁨이라고 한다.

주문을 받으며 식사가 시작되었다. 애피타이저와 디저트는 각자의 자리로 가져다 주었다. 메인요리와 함께 샐러드는 뷔페 상에서 맘껏 갖다 먹도록 준비해두었는데 테이블 순서대로 음식을 먹도록 했다. 메인요리는 순록 고기 볶음이다. 며칠 동안 산자락을 따라걸으며 인스턴트를 먹은 이들인데 어찌 맛이 없을까. 거기에 더해 품위 있게 음식을 서빙하는 분위기가 좋았고 요리도 정말 맛이 있었다.

유럽에서 만난 참전용사들

우리와 함께 탁자에 앉은 이들은 스웨덴 남자 셋이다. 그중 한분이 레나르트Lennart인데 81세다. 우리가 한국에서 왔다고 하자 놀랍도록 정확하게 한국전쟁이 난 지 61년이 되지 않았냐며 이야기를 시작했다. 스웨덴이 참전했던 것을 아느냐고 물으시기에 의무지원 활동을 한 것으로 안다고 대답하니 반가운 미소를 지었다. 레나르트는 김일성, 김정일, 김정은의 이름을 정확하게 이야기하며 북한은 지도자가 문제라고 한다. 이제 한국전쟁 후에 태어난 세대가 장년의 나이가 되었고 모든 부분에서 발전해나가는 한국의 모습을 보는 것은 한국전쟁을 기억하는 자신에게 기쁨이라고 했다. 만약 내가 한국전쟁 때 스웨덴이 참전한 사실을 모르고 있었다면 레나르트는 아마도 서운해했을 것이다.

나는 특히 미국 · 영국 · 프랑스 · 캐나다 · 그리스 · 터키 · 필리핀 · 네덜란드 · 벨기에 · 노르웨이 · 덴마크를 여행할 때 참전용사들을 많이 만났다. 나이가 많이 드신 참전용사들은 홀로 다니는 동

양 여인을 보면 혹시 한국에서 왔는지 물으며 관심을 표한다. 한국
전 참전에 대한 자부심이 크기 때문이다. 사회복지제도가 잘 된 나
라에서 참전용사들의 형편은 좋아 보였고 참전용사가 사주시는 커
피와 빵도 먹어보았다. 형편이 어려운 터키나 그리스에서 만난 참
전용사들께는 내가 커피와 빵을 대접해드리며 감사 인사를 한 적도
있다.

참전용사들 모두가 한국의 발전을 자기 일처럼 기쁘게 받아들이
며 한국의 소식을 뉴스를 통해 들을 때면 기쁘다고 했다. 그런데 우
린 이들을 잊고 산다. 전후 세대인 나도 그렇고 나의 자녀들은 더더
욱 모른다. 스웨덴으로 출발하기 전 에티오피아 참전용사들을 위한
기금마련 행사를 하고 왔다. 4~5월, 두 달에 걸친 국토 순례대장정
이었다. 나는 완주는 할 수 없었고 시간 날 때마다 참여해 걸었다.
이 행사를 통해 나는 한국전에 참전한 국가와 용사들에게 관심을
더 갖게 되었다. 이로 인해 스웨덴이 의료 지원국이었음을 알고 떠
나왔기에 레나르트의 말에 선뜻 대답해 그를 기쁘게 한 것이다.

에티오피아! 우리가 감사하며 보은해야 할 나라다. 우리는 에티
오피아를 기아에 허덕이는 가난한 나라로 기억한다. 하지만 한국전
에 참여해 용감하게 싸웠던 강뉴 부대원들은 모른다. 유엔에서 에
티오피아에 한국전에 참여하여 도와줄 것을 호소한 결과 셀라시에
황제는 어느 나라보다도 먼저 한국에 지원금을 보내왔고 황제의 군
사들을 보내주었다. 참전용사들은 아낌없이 자비를 털어 고아를 돌
보고 의료를 지원했다. 한국을 도와준 에티오피아의 상황은 공산정

권이 들어서며 급변했고 셀라시에 황제는 살해당했다. 공산정권은 한국전에 참전하여 공산주의와 싸웠다는 이유로 한국전 참전용사들을 핍박했다. 난 그리스 종군기자가 쓴 『강뉴』를 읽고 눈물을 흘렸다. 단지 가난해서가 아니라 우리가 어려웠던 시절 서슴없이 찾아와 도와준 일에 보은하는 뜻으로 에티오피아 참전용사들을 도와주어야 한다고 생각한다. 나는 이번 에티오피아 참전용사들을 위한 기금마련 행사에 감사의 뜻을 담은 카드를 모으고 피로 맺어진 인연을 고마워하는 뜻을 담은 수건을 디자인해서 판매해 그 수익금을 후원금으로 보냈다. 돈보다 앞서 고마운 마음을 전하고 싶었던 것이다.

재미있게도 내가 만난 서양의 참전국 용사들 가운데 많은 이들이 나보고 PX의 미스 김을 닮았단다. 그들 눈에 비친 한국 여인의 모습은 정말 비슷비슷했을 것이다. 레나르트는 65세에 자신이 설립한 회사를 매각하고 전 세계를 돌아다니며 삶을 즐기고 있다. 그가 스웨덴식으로 하는 건배를 가르쳐주며 건배를 제의했다. 스웨덴의 건배는 위에서 세 번째 와이셔츠 단추의 위치에다 술잔을 대고 눈을 마주치며 스콜Skål!이라고 외치는 것이다. 술잔을 잡은 손을 심장의 위치에다 대는 것은 온 마음을 다한다는 의미라고 한다. 잔은 부딪치지 않는다. 스콜!과 함께 눈을 마주치며 우린 마음을 나누고 쿵스레덴을 마셨다. 마침 맥주의 이름이 멋지게도 쿵스레덴이었던 것이다.

우린 살토루오크타에서 하루 더 편안함을 즐기며 쉬기로 했다. 매

그녀도 하루 더 쉰다. 나의 입안에는 혓바늘이 돋았고 셀카에서 터진 입술 안쪽도 헐었다. 첫인상이 차갑던 매그너스는 아침에 만나자마자 제법 친해졌다고 생각했는지 아님 염려가 되어서인지 자기 팔목을 보여준다.

"내 팔목이 이상해. 아프지는 않은데 혈관이 부풀었고 마치 무슨 벌레가 숨어 있는 것처럼 소리가 나는데 한번 들어볼래?" 하며 팔목을 내민다.

작은 콩만큼 부푼 곳을 살살 만지니 정말 이상한 소리가 났다. 출발한 지 이틀째부터 그런 소리가 났다고 한다. 그는 이곳에 도착해 자기 팔목에 일어난 일을 알아보려고 많은 검색을 해보았지만 알 수가 없다고 했다. 잠시 뒤에 만난 매그너스는 가게에서 샀다면서 호랑이 연고를 보여줬다.

"매그너스! 우리나라는 물론 동양인들은 이 연고를 아주 요긴하게 사용해. 거의 만병통치약처럼 쓰지. 나도 오랫동안 사용하고 있는 크림이야. 근육통을 가라앉히거나 벌레에 물려서 가려울 때 소독을 하고 또 무릎이 아플 때도 쓰지. 우리 엄마는 머리가 아파도 이마 양옆에 살짝 이 연고를 바르곤 하셨어. 그런데 이런 산골짜기에서도 이 연고를 팔다니 참 신기하네. 매그너스! 내 생각에 그 연고가 도움이 될 것 같은데?"

오후가 되자 이곳 살토루오크타에서 여행을 시작하는 이들이 도착했다. 가까운 곳에 있는 사렉 국립공원을 걷고 돌아오는 이들과 우리보다 하루 늦게 테우사야우레에서 도착하는 이들이다. 일행 가

테우사야우레부터 같이 여행한 매그너스.
처음에는 말 걸기가 어색할 정도로 딱딱한 사람이었지만
이야기를 나누다보니 한결 부드러워졌다.
매그너스는 쉴 때마다 전자책을 읽는다.

덴마크에서 온 젊은이들이 배낭을 정리하며 순록 털을 꺼내놓았다.
그들은 사렉 국립공원을 다녀왔는데 그곳 사미 족에게서 샀다고 한다.
순록 털은 대·중·소가 있는데 중간 크기의 순록 털을
100크로나에 샀다고 자랑이다.

운데 싱이에서 만난 피아와 세 쌍의 커플도 보였다. 반갑게 인사를 나누는데 할아버지 한 분이 평창 동계올림픽이 확정된 것을 축하한 다며 손을 내밀었다.

"우리가 평창 동계올림픽에 가면 우릴 좀 재워줄 수 있어요?"라며 내게 윙크했다.

이들은 이곳에서 이틀을 쉬고 스톡홀름으로 간다고 한다. 싱이에서 만난 할아버지가 살토루오크타 숙소 로비 벽면에 걸린 흑백사진 속 인물에 대한 궁금증을 풀어주었다. 장소가 어딘지는 모르겠지만 사진 속의 주인공은 현재 스웨덴 왕 칼 구스타프 16세의 할아버지로 구스타프 5세이며 스톡홀름 올림픽을 개최한 스포츠 애호가란다. 그분이 이 길을 걸었는지에 대해서는 할아버지도 모른다고 했다. 그림 속의 주인공을 알게 되었음을 감사하게 여겼다.

숙소에서 덴마크에서 온 젊은이들도 만났다. 야외 탁자에 앉아 배낭을 정리하며 순록 털을 꺼내놓기에 궁금해서 물었다. 그들은 사렉 국립공원을 다녀왔는데 그곳 사미 족에게 샀다고 한다. 순록 털은 대·중·소가 있는데 중간 크기의 순록 털을 100크로나에 샀다고 자랑이다. 좀 큰 것은 150크로나라고 한다. 살토루오크타의 가게에서는 990크로나에 순록 털을 판매한다. 유쾌한 이들은 스웨덴의 물가가 비싸다는 내 말에 웃으며 덴마크는 더 비싸다고 한다. 이들은 내일 옐리바레로 가서 기차를 타고 집으로 간다.

내일 떠날 채비를 하며 장을 보았다. 난 장을 보는 것이 겁난다. 먹을 것들을 사면 물론 나누어 담지만 어쨌든 배낭이 무거워지기 때문이다. 함 교수는 필수품 외에는 다 버리겠다면서 배낭을 정리했다. 그는 서울서 들고 온 책을 버릴지 말지 고민하다 들고 가기로 결심했다. 난 버릴 것도 없다. 꼭 필요한 것만 지녔다. 버릴 것이 있다면 6일 동안 사용하지도 않고 들고 다닌 가스통과 고추장이다. 고추장은 안 먹으면 그만이다. 나를 위한 것이면 이미 버렸고 아예 갖고 오지도 않았을 것이다. 가스통도 숙소에서 가스를 사용하고 또 머물게 되는 숙소의 가게에서 필요할 때 사면 된다. 그러나 버리지 않았다. 모두를 위해 혹시나 하는 마음으로 길에서 필요할 까봐 들고 간다.

숙소마다 가게가 있는 것은 아니지만 적어도 하루 걸러 한 개는 있다. 아주 작은 것도 무게가 느껴져서 무엇이든 사는 것을 주저하게 된다. 모기! 얼마나 모기가 많으면 피의 반도라 불릴까. 앞으로 그 악명 높은 악츠에를 지날 것이라는 생각에 모기 퇴치용 크림을 하나 더 샀다. 자, 내일을 위해 이틀 동안 충분한 휴식을 취했으니 다시 힘을 내보자!

① 구간 안내

- 테우사야우레Teusajaure → 바코타바레Vakkotavare
- 거리: 15km | 소요시간: 4~5시간 | 코스 난이도: 상
- 바코타바레Vakkotavare → 살토루오크타Saltoluokta

🏠 숙소 정보

Vakkotavare Huts

- 오두막: 1개 | 침대: 16개 | 가게, 카드사용, 개 동반가능
- 오두막 이용료(2/25~5/1, 6/17~7/15, 8/29~9/18): 260크로나 | 비회원+100크로나 (7/16~8/28): 290크로나 | 비회원+100크로나

* 숙소 마당에 벤치와 탁자를 마련해 테우사야우레에서 살토루오크타로 가는 이들이 버스를 기다리는 동안 식사를 만들어 먹을 수 있도록 했다. 숙박하는 이들 대부분은 이곳에서 북쪽으로 출발하는 이들이다. 바코타바레 오두막은 버스가 다니는 길가에 있다. 버스는 하루에 두 번 운행한다. 시간은 40분이 소요되고 요금은 33크로나이다.

Saltoluokta Mountain Station(440m)

- 오두막: 1개 | 침대: 100개 | 전기, 통신, 와이파이 이용가능, 남녀용 사우나 구비. 레스토랑의 저녁이 훌륭하다.
- 가족용 코티지: 여름 990크로나 | 겨울 990크로나
- 다인실 침대: 여름 295크로나 | 겨울 275크로나 | 비회원+100크로나
- 레스토랑: 아침 85크로나 | 점심 80크로나 | 저녁 325크로나
- 텐트: 무료 | 시설 이용료: 90크로나

버스시간표 1: 9/50 | 2: 15/20

* 바코타바레에서 옐리바레로 가는 버스 93번을 타고 살토루오크타로 가는 선착장에 내린다. 버스로 40분 정도 걸린다. 배는 버스도착 시간에 맞춰 운행한다. 배삯은 10분에 100크로나다.

오늘은
잠들지 않는
백야가 싫다

혹시 제 친구 보셨어요?

살토루오크타Saltoluokta ● 시토야우레Sitojaure

긴장을 늦추는 순간 길을 잃는다

이번에 걷는 구간은 살토루오크타에서 크비크요크까지 약 73km 거리다. 아비스코에서 바코타바레까지 6일 동안 약 109km를 걸어 왔고 바코타바레에서 살토루오크타까지 약 30km를 버스를 타고 이동했다. 지금까지 무사히 걸어왔음에 감사한다. 이제 다시 출발이다. 이틀 정도 먹을 넉넉한 식량도 챙겼고 카메라 배터리도 빵빵하게 충전시켰다. 휴식을 충분히 한 덕에 몸도 마음도 여유로워졌다. 아침에 출발하며 배낭 무게를 다시 달아보니 20kg이다. 아비스코에서 출발할 때보다 0.5kg 줄었지만 아직 물을 담지 않았기에 무게는 거의 같을 것이다.

레나르트와 덴마크 친구들이 배웅해주었다. 싱이에서 본 어르신들도 멀리서 손을 흔들어주셨다. 다른 때와 달리 오늘은 함 교수가 먼저 출발하고 다음은 나다. K는 한 시간 정도 있다 출발한다. 나는 K가 늘 먼저 가 기다리며 지루해하는 것보다 통신이 되는 이곳에서 시간을 보내다 가면 덜 심심할 것으로 생각했다.

길의 상태는 좋다. 자작나무 숲을 지나 약간 가파른 언덕을 올라 산등성이를 타고 13km 정도 간다. 출발과 도착 지점에 오르막과 내리막이 잠깐 있을 뿐인데 주의할 점은 살토루오크타의 숙소를 지나 멀지 않은 곳에서 여러 갈래길이 나온다는 것이다. 길을 잘 들어야 한다. 여기서 여름코스와 겨울코스가 나뉘고 서쪽으로는 사미 족 마을로 가는 길이 있다. 시토야우레는 들판의 중앙으로 가면 된다. 겨울코스를 안내하는 빨간 X표 바로 가까이에 여름길이 있는 것이다. 나는 쿵스레덴 여행을 준비하며 이곳에서 길이 갈린 다는 사실을 미리 알았고 구글 지도를 통해서도 충분히 살펴보았 기 때문에 길을 잃지 않도록 주의했다.

그사이 늦게 출발하겠다던 K가 생각보다 일찍 출발해서 나를 앞질러 갔다. 살토루오크타에 오도록 길을 잃은 적 없다. 이제 길이 익숙하고 편해져서일까. 그냥 생각 없이 한참 동안 걸었나보다. 무심코 걷다가 잘못 가고 있다는 것을 알아챈 것은 길잡이 역할을 하는 높은 산을 오른쪽에 두고 걸어가야 하는데 이 산을 정면으로 마주보며 내려가고 있는 것을 알아챘기 때문이다. 그렇다면 내가 남쪽으로 내려가는 게 아니라 서쪽으로 내려가고 있는 것이다. 순간 염려가 되었다. 앞서 간 함 교수나 K가 이 길로 갔으면 어떻게 해야 할지 걱정이 되었다. 지도를 보면 내가 가는 길은 조금만 더 가면 강이 흐르는 막다른 길이다. '혹시 어딘가에서 두 사람 가운데 누군가 길을 잃고 헤매지 않을까' 하는 마음으로 강가에 이를

이제 길이 익숙하고 편해져서일까.
생각 없이 한참 동안 걸었나보다.
무심코 길을 걷다가 잘못 가고 있다는 것을 알아챘다.

때까지 갔다.

아무도 없었다. 그럼 이제 내가 제대로 된 길을 찾아가면 되는 것이다. 왔던 길을 되돌아가면 멀리 돌아갈 것 같아 지름길을 찾아 덤불숲을 헤치며 언덕으로 올라갔다. 다행히 나처럼 길을 잃었다가 다시 제대로 길을 찾아간 이들이 많았던지 발걸음으로 다져진 흔적들이 있었다. 완만한 언덕을 오르니 산등성이와, 멀리 빨간 X표가 붙어 있는 기둥들이 줄지어 있는 모습이 보였다. 제 코스로 돌아온 것이다.

아마도 한 시간 반 정도는 헤맨 것 같다. 어제 살토루오크타에 도착하신 할머니 두 분이 커다란 바위에 기대어 쉬고 계셨다. 우리보다 한 시간 먼저인 8시에 출발하셨다고 한다.

"할머니, 저와 같은 동양사람이 지나가는 것을 보셨어요?"

"한 사람이 지나갔는데?"

"한 사람이었어요? 키가 컸어요? 아님 작던가요?"

"키가 작지는 않았어."

"아, 그럼 함 교수가 지나갔나? 할머니, 저는 먼저 갈게요. 근데 만일 뒤에 제 친구가 지나가면 얘기 좀 전해주세요. 친구 둘이 앞서 갔다고 말씀해주시고요. 길의 중간쯤에서 기다리겠다고요. 감사합니다."

할머니들께 부탁드리고 걱정되는 마음에 쉬지도 않고 부지런히 걸어갔다.

누가 뒤에 오고 있는 것일까? 한 사람은 어디로 간 것일까? 할머니 두 분이 혹시 못 보고 지나친 것은 아닐까? 그렇지는 않을 거다. 동양인은 우리뿐이기 때문에 이곳에서 우린 기억될 만한 존재다. 한참을 가는데 반대편에서 오는 사람들이 있어 다시 물어보았다. 그들 역시 한 사람을 보았다는데 키가 작다고 했다. '그렇지. 이곳의 키가 큰 사람들에겐 함 교수와 K 둘 다 작은 키로 보일 것이다. 아, 그럼 둘 중 누구지?' 이들에게도 역시 길을 가다 한국 남자를 보면 나를 만났다고 전해달라 부탁했다. 많은 생각들이 교차했다. 야생의 사나이가 길을 잃는 것은 걱정이 되지 않는다. 이미 셀카에서도 경험했듯이 그는 잘 찾아올 것이다. 그러나 내 뒤에 오는 사람이 만일 함 교수라면 염려가 된다. 그는 이런 야생의 생활을 경험하지 않았기 때문이다. 그러나 함 교수는 작다고 할 만한 키는 아닌데.

살토루오크타에 머물며 왕복 세 시간 코스를 걷는다는 부부를 만났고 반대편에서 오다 휴식을 취하는 모녀도 만났다. 이들도 동양인은 한 사람만 보았다고 한다. 너무 지쳐서 그들 곁에 가방을 내려놓고 앉았다. 각각 예순과 서른 정도의 나이로 보이는 모녀는 크비크요크에서부터 걷기 시작했다고 한다. 딸과 함께 온 것이 부럽다고 하니 '너도 다음에 딸과 같이 오면 되지 않느냐'고 한다. 글쎄, 나의 두 딸이 선뜻 응해줄까? 아마도 장기간 도보여행이라 바빠서 같이 못 올 것이고 나처럼 걷는 것을 좋아하지 않으니 선뜻 따라나서지도 않을 것이다. 오래 쉴 수 없어 다시 길을 재촉했다. 내가 얼마나 뒤처져 있는 것인지 알 수 없으니 부지런히 길을 갔다. 오늘따라 반대편

살토루오크타로 가는 길에 만난 독일인 여행자들.
한 시간 반 정도를 헤맨 뒤 제 코스로 돌아왔지만 다른 친구들이
어디쯤에 있는지 가늠할 수 없어 불안했다.

시토야우레에서 오는 이들이 많았다. 그때마다 똑같이 물었는데 한 사람만 보았다고 한다. 그럼 분명 한 사람은 내 뒤에 있는 것이다.

　마지막으로 젊은 독일인들을 만났다. 한 20분 정도 거리에 있는 오두막에서 동양인 남자가 쉬고 있다는 반가운 소식을 전했다. 오두막은 시토야우레로 가는 길 9km 지점에 있다. 쿵스레덴에는 하루 코스의 중간 지점쯤에 잠시 추위나 비를 피신하거나 잠을 자도록 만든 피난처용 오두막이 반드시 있다. 예정대로라면 우린 이곳에서 따뜻한 점심을 먹고 커피를 마시며 함께 휴식을 취해야 한다. 오두막에 도착했는데 아무도 없었다. 부지런히 가면 앞서 간 사람을 만날 것 같아 쉬지도 않고 허둥지둥 길을 가니 멀리서 함 교수가 보였다. 마음이 놓이며 눈물이 핑 돌았다. 그분도 어찌 된 일인지 아무도 오지 않아 걱정이 되어서 자주 뒤돌아보면서 걸었고 멀리서도 잘 보이는 위치에서 기다리고 있었다고 했다.

　이제 불안한 마음이 사라졌다. K는 잘 찾아올 것이기 때문이다. 이 길은 그리 힘든 코스도 아니고 길을 잃어도 GPS를 이용해 숙소로 올 것이란 확신이 있었다. 함 교수에게 가까이 가니 매그너스도 함께 있었다. 우린 살토루오크타에서 출발해 12km 지점에서 만났는데 난 길을 잘못 들어 이곳까지 약 14.5km를 걸었다. 모녀를 만났을 때 잠시 쉬었을 뿐 아무것도 먹지 않고 걸었다. 함 교수는 점심을 함께하기 위해 중간 지점의 오두막에서 K와 나를 기다렸지만 한참을 기다려도 오지 않아 다시 천천히 걸어가는 중이었고 매그너스를 만나 다시 쉬고 있었다고 한다.

마음이 놓이니 배가 고팠다. K가 가스와 코펠을 갖고 있어서 우리린 바싹 마른 빵에다 참치 잼을 얹어 차가운 시냇물과 함께 먹었다. 배고프니 이것도 맛났다. 우리 때문에 오래 앉아 있던 매그너스가 먼저 일어나 길을 떠났다. 그에게 "매그너스! 내가 좀 걱정되어서 그러는데 멀리서라도 가끔 뒤 좀 돌아보며 가줄래요? 혹시 도움이 필요할지도 몰라서"라며 부탁했다. 그는 웃으며 흔쾌히 "오케이"라고 해주었고 주먹을 쥐어 흔들며 인사하고 떠났다. 우리는 좀더 쉬면서 K를 기다렸다. 도대체 그가 어디로 갔는지 궁금하고 다시 걱정이 되었다. 갑자기 하늘을 덮은 검은 구름이 몰려오더니 비가 쏟아질 듯 어두워졌다. 더 이상 한곳에 앉아서 K를 기다릴 수 없었다. 짐을 챙겨 길을 떠나는데 천둥 번개와 함께 소나기가 내렸다. 비가 오면 자작나무 널빤지 길은 미끄럽다. 함 교수가 널빤지 길에서 미끄러져 넘어졌다. 스틱이 휘어질 정도로 힘을 쓰다 넘어졌는데 다행히도 다치지는 않았다. 그러나 분명히 어느 곳인가는 깊은 멍이 들었으리라.

우여곡절 끝에 다시 만난 친구들

매그너스는 부탁받은 대로 멀리 떨어지지 않게 주의하며 뒤를 가끔씩 돌아보면서 우리를 확인하고 걸어갔다. 눈 깜짝할 사이 대지를 가르며 번쩍이는 번개와 함께 천둥소리가 돌비 시스템으로 들리는 벌판 위를 걷는데 우리를 위해 가끔씩 뒤돌아봐주는 한 사람이 있다는 것이 큰 위안이 되었다. 시토야우레에 도착할 무렵 내리막길이 시작되더니 무성한 자작나무 숲이 이어졌다. 보통 STF 오두막은 언덕에 자리 잡고 있어서 멀리서부터 보이는데 시토야우레의 오두막은 호숫가의 무성한 자작나무 숲속에 자리 잡고 있어서 길을 걷는 내 앞에 불쑥 나타났다. 20km를 걷는 데 9시에 출발하여 8시간 30분 만에 도착했다. 오두막이 무성한 풀숲과 물로 둘러싸여 있으니 정말 모기가 많다. 모기 퇴치용 크림과 스프레이를 뿌려도 모기는 달라붙는다. 아! 피에 굶주린 모기들. 아, 모기! 징글징글하다. 비가 오니 오늘은 나도 텐트를 치지 않을 것이다. 오두막에 도착했지만 몸과 마음이 눅눅하다.

K가 도착하지 않아 걱정되어 관리인에게 말을 했다. 한 친구가 아직 도착하지 않았는데 그의 걸음은 매우 빨라서 이곳에 벌써 도착했어야 한다고 말이다. 그런데 이렇게 늦는 것을 보아 사고가 일어났을 수도 있어 걱정이 된다고 하니 좀더 기다려본 후에 살토루오크타 숙소로 전화를 해보겠다고 한다. 그 친구가 혹시 다시 되돌아갔을 수도 있으니 확인해주겠다는 것이다. 비가 잠시 멈추자 매그너스는 텐트를 쳤다. 걱정스러운 마음으로 K를 기다리며 비 내리는 창밖을 계속 바라보았다. 드디어 K가 잰걸음으로 자작나무 숲으로 들어섰다. 오늘 하루의 걱정이 사라지는 순간이다. 그는 살토루오크타 서쪽에 있는 관광지로 만들어놓은 사미 족 마을을 다녀왔다고 한다. 오면서 할머니를 만나 내가 그를 찾고 있음을 알고 부지런히 왔다고 한다. 늘 그가 확인하는 GPS 기록을 보니 총 31.6km를 아홉 시간 동안 걸었다. 함 교수와 내가 걸었다면 13~14시간 걸리

보통 STF 오두막은 언덕에 자리 잡고 있어서 멀리서부터 보이는데
시토야우레의 오두막은 호숫가의 무성한 자작나무 숲속에
자리 잡고 있어서 길을 걷는 내 앞에 불쑥 나타났다.

는 거리다. K는 얼굴이 홀쭉해져 보일 만큼 피곤한 모습이었다. 야외 텐트에서 자는 것을 즐기는 그가 실내 취침을 할 정도다. 관리인은 살토루오크타에 전화를 하지 않아도 되겠다면서 내 어깨를 토닥이고 갔다. 이제 염려를 털어내라는 의미다.

숙소에서 만난 가족은 베를린에서 왔다는데 개를 데리고 있다. 그들은 개와 함께 한 숙소를 통째로 쓰고 있다. 개의 이름은 콜리인데 덩치가 크다. 비옷을 입은 부부 한 쌍이 숙소로 들어왔다. 꽤나 까칠하다. 마침 여행자 모두가 나와 식사 중이어서 부엌의 탁자 자리가 넉넉지 않았다. 인상이 고약스러운 부인이 매그너스에게 탁자좀 같이 쓰자며 그 위에 놓인 매그너스의 소지품들을 한쪽으로 밀었다. 기분 나쁜 상황인데 매그너스는 잠시 숨을 고르더니 짐을 정리했다. 그녀는 탁자 위로 접시를 꺼내놓고 맛나게 구운 커다란 생선 두 마리와 삶은 계란을 내놓았다. 그녀는 굴러온 돌이 박힌 돌을 빼내듯 매그너스를 탁자에서 몰아냈다. 맛난 생선과 계란을 도대체 어디서 샀는지 궁금했지만 성질을 부리는 여인에게 물어보기는 싫었다.

자료에 보면 숙소 인근에 사미 족들이 사는 경우 이들이 빵과 물고기를 훈제하거나 구워서 판다고 했다. 나도 그것을 기대했지만 사미 족들은 더위를 피해 이동을 한 순록을 따라가서 볼 수가 없었다. 보트는 주로 STF에서 운영하지만 이곳 시토야우레를 건너는 보트는 사미 족이 관리한다. 여행을 준비하며 얻은 정보에 따르면 지금의 보트 맨은 레나르트Lennart이지만 1980년에는 그의 아버지와 삼촌들이 보트를 맡고 있었다. 쿵스레덴 가이드북에 이름이 기록된 몇 안 되는 사람 가운데 그나마 만날 수 있는 사람이 레나르트인 것 같아 그를 만나려고 노트에 별표까지 했는데 그는 지금 순록을 따라 서쪽 높은 산으로 갔다고 한다. 내일 시토야우레를 건너줄 보트맨은 레나르트가 고용한 임시직이라고 관리인이 말해주었다.

오늘 이 시토야우레 숙소에 우리 셋, 할머니 두 분, 독일에서 온 스티븐 시걸, 까칠한 아줌마, 그리고 어린이를 데리고 온 부부가 함께 묵는다. 5세 정도의 어린이에게 비옷, 모기 망, 모자와 함께 장갑까지 끼워 완전무장을 시켜 데리고 왔다. 참 대단한 가족이다. 이들은 크비크요크에서 출발했다고 한다. 그럼 저 어린아이는 지금까지 약 50km를 걸어온 것이다. 아이의 표정은 마냥 즐겁다. 산티아고 가는 길에서도 이렇게 어린아이를 데리고 먼 길을 걷는 가족을 보았다. 그때도 젊은 부부가 5세 정도의 어린이를 동반하고 걸어갔다. 그 아이는 부모에 의지하지 않고 스스로 걷는다고 했다.

물론 하루에 아이의 걸음에 맞춰 짧은 거리를 걷고 자주 휴식하고 낮잠도 즐기다 숙소가 없는 곳에서는 텐트를 치고 자면서 여행을 한다고 했다. 휴가를 이용해 가족과 함께 산티아고를 구간별로 걷는 파트타임 순례를 하는 이들이었다. 매년 휴가를 이용해 산티아고 전 구간을 걷는 것이 목표라고 했다. 아마도 아이가 자라는 만큼 산티아고는 가까워질 것이다.

오늘 만난 가족도 비슷하다. 크비크요크에서 출발해 살토루오크타에 도착하면 집으로 간 뒤 다음 휴가에 바코타바레에서 아비스코

5세 정도의 어린이에게 비옷, 모기 망, 모자와 함께
장갑까지 끼워 완전무장을 시켜 데리고 왔다.
참 대단한 가족이다.

까지 걷는다고 한다. 이렇게 일부분씩 쿵스레덴 전 구간을 걷는 것이다. 이 가족은 피곤한지 다른 이들과 이야기할 겨를도 없이 일찍 밥을 먹고 잠들었다. 아이보다 부모가 더 힘들 것이다. 인내심이 필요할 것이고 아이에게 집에서보다 더 많이 신경써야 할 터이니 말이다. 아이에게 필요한 짐도 부모의 몫이다. 난 이 젊은 부부와 아이를 보고 든든한 이 가족의 미래를 그려보았다. 기쁜 마음으로 격려와 존경의 박수를 보낸다. 오두막의 깊어가는 밤! 빗소리와 함께 천둥소리를 간간이 듣는다. 오늘도 힘들었지만 함께 걷는 친구들이 다 모여 있으니 편안한 마음으로 이 밤을 보낸다.

ⓘ 구간 안내

- 살토루오크타Satoluokta → 시토야우레Sitojaure
- 거리: 20km | 소요시간: 6~8시간 | 코스 난이도: 상

🏛 숙소 정보

Sitojaure Huts(640m)

- 오두막: 2개 | 침대: 22개 | 카드사용, 개 동반가능
- 오두막 이용료(2/25~5/1, 6/17~7/15, 8/29~9/11): 260크로나 | 비회원+100크로나 (7/16~8/28): 290크로나 | 비회원+100크로나
- 텐트: 무료 | 시설 이용료: 80크로나

* 다음날 이용할 보트는 예약해야 탈 수 있다. (소요시간: 15분 정도 | 거리: 4km | 비용: 1인당 200크로나)
* 살토루오크타에서 출발해 시토야우레 가는 길 9km 지점에 오두막이 있다. 그곳에 이정표가 있으며 계속 가면 시토야우레이다.
* 시토야우레 오두막은 사미 족 마을 가까이에 있다. 사미 족이 마을에 머물 경우 그들에게 빵과 생선 등을 사서 먹을 수 있다.

악츠에에서 생긴 돌발 상황

시토야우레Sitojaure ⚫ 악츠에Aktse

도보여행자의 신발

아침에 고맙게도 비가 걷혔다. 사미 족 레나르트를 대신하는 보트 맨은 어제 한 성질을 부린 아주머니와 남편이다. 남편은 조용히 보트 조종석에 앉아 있고 부인은 무전기를 왜 들었는지 모르지만 한 손에 무전기를 들고 보트 타는 사람들을 지휘했다.

"당신은 여기 앉아요. 그리고 당신은 저기로 앉고. 흠."

모두 보트에 자리를 잡고 앉았다.

"자, 이제 보트 요금을 내세요. 1인당 200크로나입니다."

"제가 안내받기로는 100크로나였는데요?"

"호수가 8km 길이라 200크로나를 받는 거예요."

그녀는 냉정한 목소리로 딱 잘라 말하고 요금을 받았다. 미운털이 박히면 빼기 어렵다더니 밉상 아줌마가 그렇다. 시토야우레는 세 부분으로 나뉜 큰 호수다. 시토야우레 숙소는 위쪽의 가장 큰 호수에 있는데 우리는 보트를 타고 아래로 내려가 중간 호수를 지나

사미 족 레나르트를 대신하는 보트맨은 어제 성질을 냈던
아줌마와 남편이다. 남편은 조용히 보트 조종석에 앉아 있고
부인은 무전기를 왜 들었는지 모르지만 한 손에 무전기를 들고
보트 타는 사람들을 지휘했다.

작은 호수의 반대편으로 가로질러 간다. 보트 승객들의 불편한 침묵 속에 싸늘한 여인의 지휘로 남편이 보트를 몰았다. 배는 호수에 설치된 부표를 따라 조심스럽게 갔다. 보트는 15분 후에 선착장에 도착했다. 호수 건너 선착장에서 악츠에까지 9km라는 안내 표지판이 있었다. 시토야우레에서 악츠에까지 총 거리는 13km다. 그렇다면 보트를 타고 온 거리는 사실 4km인 것이다. 마치 택시를 타며 왕복비용을 지불한 기분이 들었다.

선착장을 벗어나 덤불숲과 자작나무 숲을 따라간다. 늪지대에는 널빤지 길을 만들어놓았다. 비가 온 뒤라 미끄러워서 스틱으로 균형을 잡으며 조심조심 걸었지만 잠시 한눈파는 사이에 그만 한쪽으로 중심이 쏠리며 늪에 빠졌다. 배낭은 덤불숲에 끼고 왼발은 무릎 아래까지 늪에 푹 빠져서 일어나기 힘들었다. 누운 채로 배낭을 벗어 놓고 일어나 늪에 빠진 왼발을 빼내며 일어났다. 이 지역의 늪은 진흙 구덩이가 아니다. 탄력 있게 쌓인 풀 속에 물이 흥건하게 고인 곳이라고 해야 할 것 같다. 덤불숲에 끼인 배낭을 끄집어내어 다시 짊어지고 널빤지 길로 빠져나왔다. 물에 빠진 바지를 툴툴 털고 신발을 벗어보니 양말이 뽀송한 것이 젖지 않았다. 와우 고어텍스의 위력! 이번에 쿵스레덴으로 떠난다니까 프로스펙스의 상미 씨가 바지와 방풍 점퍼 그리고 새로 나온 트레일화를 보내주었다. 바로 그 신발을 신고 바지를 입었는데 제몫을 톡톡히 한다.

도보여행자에게 특히 신발은 매우 중요하다. 여행할 때는 신발이 좋아야 한다며 딸이 사준 트레일화도 여러 개 있다. 오랜 전통의 독일회사의 신발도, 프랑스에서 만든 신발도 신어보았고 여전히 갖고 있다. 그럼에도 이번에 프로스펙스의 트레일화를 신고 왔다. 그동안 프로스펙스에서 여러 스타일의 신발을 보내주어 신어보았는데 내게는 편하고 좋았다. 이번에도 대만족이다. 늪에서 발을 끌어올리며 흠뻑 젖었을 것으로 생각했지만 괜찮았다. 특히 세크티아와 셀카의 매우 거친 돌길을 지날 때 발바닥이 편했고 물론 뒤틀림도 없었고 발목도 안정적으로 받쳐주었다. 잔잔한 냇물을 자주 건넜지만 신발이 약간 잠길 정도쯤은 그냥 편하게 걸었다. 신발에 물이 들어오지 않았기 때문이다. 많은 사람들이 내게 가장 많이 물어보는 것이 장거리 도보여행을 할 때 무슨 신발을 신는지이다. 요즘 신발은 기능성제품으로 다 좋은 것 같다. 그중에서도 이번 도보여행이 끝나면 나는 쿵스레덴을 걸으며 여행의 일등공신이 되어준 신발을 즐겁고 고마운 마음으로 추천할 것이다. 프로스펙스 W Trail 308, 강추요!

고도 640m의 시토야우레 호수를 건너면 고도 930m로 이어지는 가파른 오르막길이 나온다. 길에는 눈이 쌓여 있었다. 눈이 녹은 물이 가파른 산자락을 타고 흐른다. 물을 컵에 받아 한 잔 들이키니 그 차가움이 온몸을 타고 흐른다. 이렇게 자연은 사람과 연결되는 것인가보다. 산 정상은 평평하고 넓게 펼쳐진 들판과 같았다. 그곳에 다양한 야생화가 피어 있었다. 그중 제일 많이 보이는 앙증맞은 트롤리우스 유로페이우스$^{Trollius\ europaeus}$의 노랑 꽃봉오리가 스웨덴 사람처럼 길쭉한 키를 자랑하며 바람결에 흔들거렸다. 이 산마루는 넓

눈 녹은 물이 가파른 산자락을 타고 흐른다.
물을 컵에 받아 한 잔 들이키니 그 차가움이 온몸을 타고 흐른다.
산 정상은 평평하고 넓게 펼쳐진 들판과 같았다.

이가 약 4km 정도로 우뚝 솟아 있는데 『쿵스레덴 가이드북』 설명으로는 넓은 식탁처럼 생겼다고 했다. 그 넓은 식탁 위로 길이 난 것이다. 산마루에서 악츠에로 가는 길은 고도가 930m에서 450m의 내리막이다. 늘 그렇듯 함 교수는 내리막길에서 제일 고생한다. 오늘도 매그너스는 나보다 앞서가며 길 안내를 하듯 자주 뒤를 돌아보며 뒤따라가는 나와 함 교수와의 거리를 살피고 조정하며 갔다. 어제 부탁을 오늘도 들어주는 것이다.

산 아래는 큰 호수와 강이 흐른다. 강의 맞은편으로 전나무 숲이 우거진 높은 산이 들어서 있다. 산 마루터기에 매그너스가 길게 누워 햇빛을 쬐고 있었다. 맑고 푸르며 달콤한 공기와 따뜻한 햇살을 두고 이내 내려가면 정말 서운할 것 같다. 나도 편하게 양말도 벗고 대자로 뻗어본다. 아마도 시커멓게 타겠지만 걱정 안 한다. 신기하게도 이곳에 와서 피부가 더 좋아진 것 같다. 물론 약간 타기는 했지만 아무것도 바르지 않아도 건조한 느낌이 없었다. 악츠에에 거의 도착할 무렵 스키에르페skierffe 산(1179m)으로 가는 표지판이 나타났다. K는 이곳을 다녀오고 싶어했다. 매그너스에게 배낭을 숙소에 내려놓고 함께 가자고 했지만 그는 단호하게 거절했다.

악츠에에 도착할 무렵 마주 오는 할아버지 한 분을 만났다.

"오는 길에 검은색 모자를 보았수?"

"아뇨, 못 봤는데요."

"아, 그렇소?"

할아버지가 자신의 GPS를 보더니 우리에게 정보를 준다.

악츠에에서 생긴 돌발 상황

"지금부터 480m만 내려가면 오두막에 도착할 거유."

"어! 멋진 GPS네요."

"흠, 나도 그렇게 생각하는데. 그럼 내려가보슈."

할아버지는 모자를 찾겠다는 굳은 의지로 산 위로 올라가신다. 어린 소년처럼 귀여운 구석이 있는 할아버지다.

K에게 무슨 일이 일어난 걸까

악츠에에 도착하니 빗방울이 맺혀 반짝반짝 빛나는 풀숲은 아름다웠지만 쿵스레덴에서 모기로 인해 악명이 높은 숙소답게 모기들이 윙윙거리며 달라붙었다. 그러나 내 경험에 따르면 이미 지나온 카이툼야우레에 모기가 더 많았다. K가 비가 올 것 같으니 실내에서 자는 것이 좋겠다고 해 텐트를 치지 않았다. 오두막 마당에는 이미 텐트 세 개가 설치되어 있었고 매그너스도 자작나무 사이에 좋은 자리를 잡아 텐트를 쳤다. 베를린에서 온 콜리 가족은 이곳에서 먹을거리를 사서 떠난다고 했다. 어제는 비도 오고 개가 발이 아파 절뚝거려서 실내에서 잠을 잤는데 하루 자고 나니 개와 가족 모두의 컨디션이 좋아져 노를 저어 호수를 건너 간 뒤 그곳에서 텐트를 치고 잔단다. 그렇게 떠났던 콜리 가족이 다시 돌아와 오두막 앞에 텐트를 쳤다. 비가 오기 때문이다.

모자를 찾으러 간 할아버지는 검은색 모자를 쓰고 내려오셨다. 작은 것이지만 잃고 싶지 않으셨나보다. 왔던 길을 되짚어가며 적어도 왕복 1.5km를 다녀오신 것이다. 느린 걸음으로 할머니 두 분

베를린에서 온 콜리 가족은 악츠에에서 먹을거리를 사서 떠난다고 했다.
노를 저어 호수를 건너간 뒤 그곳에서 텐트를 치고 잔단다.
그러나 그들은 다시 돌아와 오두막 앞에 텐트를 쳤다. 비가 오기 때문이다.

도 악츠에 오두막에 도착하셨다. 독일 장정 울프람도 왔다. 이곳에는 정식 사우나용 오두막은 없다. 그런데 나름 만들어놓은 샤워 시설이 재밌다. 차가운 물이 담긴 대야에 시원하게 해서 먹으려는 콜라와 맥주가 가득했고 그 옆에 널빤지 몇 장으로 만든 간이 울타리가 있는데 울타리에 수도꼭지가 달려 있었다. 간이 울타리에 달린 커튼을 둘러치면 몸을 가릴 수 있는 공간이 되고 엉성하나마 울타리 반대편에는 샤워꼭지도 있다. 스위치를 살짝 돌리면 밖의 수도꼭지로 쏟아지던 물이 샤워기 꼭지를 통해 나오도록 해놓았다. 물은 거의 심장마비를 일으킬 정도로 찼다. 도저히 물을 뒤집어쓸 수가 없어서 수건에 적셔서 몸을 닦았다. 머리는 할 수 없이 찬물에 감았는데 머리통이 쨍하도록 얼얼하다.

벨기에에서 온 청년 셋이 스키에르페 산을 다녀왔다며 오두막으로 들어왔다. 밖에 쳐놓은 텐트의 주인들이다. 이들은 부엌에서 음식을 해먹고 말끔히 치운 다음 카드놀이를 하며 휴식을 취했다. 앞산으로 구름이 올라갔다 내려갔다 반복하더니 이내 비가 오락가락했다. 악츠에의 오두막 주변에는 키가 큰 분홍 바늘꽃이 지천으로 피어 있다. 이 꽃은 스웨덴은 물론이고 북유럽에서 흔하게 볼 수 있다. 바늘꽃은 산과 호수, 자작나무 숲 그리고 붉은 밤색 빛깔의 오두막과 화사하게 잘 어울린다.

함 교수는 낮잠을 즐기고 난 빨래를 해서 베란다에 널어놓고 부엌에 앉아 쉬는데 K가 다가와 말했다.

"난 할 만큼 다 했어요. 크비크요크까지만 가고 그만두겠어요."

악츠에의 오두막 주변은 키가 큰 분홍 바늘꽃이
지천으로 피어 있다. 바늘꽃은 산과 호수, 자작나무 숲
그리고 붉은 밤색 빛깔의 오두막과 화사하게 잘 어울린다.

비가 멈추어서 밖으로 나와 어슬렁거렸다.
세상에! 무지개가 떴다. 밤 10시가 넘은 시간에 무지개를 본다.
무지개를 보면 일이 잘 풀린다던 친구가 생각났다.

난 순간 무슨 말을 해야 할지 몰랐다. 그 황당함은 말문이 막혀버릴 정도로 충격적이었다. 나는 잠시 뒤 충격을 수습하고 말했다.

"그렇다면 아마 함 교수님도 같이 떠나실 거예요. 그러나 저는 변함없이 가겠습니다."

K는 마지막으로 이렇게 말했다.

"함 교수님께는 제가 크비크요크에 도착해서 말씀드릴게요."

아주 짧고도 군더더기 없이 이야기가 끝났다. 내겐 너무나 충격적이었다. 마음을 달래려 밖으로 나와 주변 산책을 하며 생각을 정리했다. K는 쿵스레덴에 같이 가자고 제의했을 때 흔쾌히 응해주었다. K에게 같이 가자고 제의를 한 것은 만일 어려운 일이 생기면 도움을 받기 위해서였다. 우린 야생의 생활을 해보지 않았고 그는 늘 거친 여행에 대한 이야기를 많이 했으며 응급상황에 대처하는 법도 익숙하다기에 여행을 제안했고 함 교수에게 K를 우리와 함께 걸을 친구로 소개했다. 쿵스레덴으로 출발하기 전에 함 교수는 넘어져 이마를 꿰매는 일이 생겼고 그 상처가 다 아물지도 않은 상태로 이곳에 왔다. 사고 후 집에서 쉬느라 몸을 단련시키지 못해 부실한 체력으로 힘들게 걷고 있는 함 교수도 그만두겠다고 얘기를 하지 않았는데 믿었던 K가 먼저 그만두겠다고 한 것이다.

도대체 무엇을 할 만큼 다 했다는 것일까? 난 왜 그 이유를 물어보지 않았지? 또 왜 좀더 같이 가자고 말하지 않았을까?

그동안 비가 멈추었다. 세상에! 무지개가 떴다. 밤 10시가 넘은 시간에 무지개를 본다. 무지개를 보면 일이 잘 풀린다던 친구가 생각났다. 스스로 위안하며 아무렇지도 않게 마음을 비우려 하지만 밤새 잠 못 이루며 뒤척이고 있다. 온몸에 기운이 빠져나감을 느낀다.

---

① 구간 안내

- 시토야우레Sitojaure → 악츠에Aktse
- 보트를 타고 호수(4km)를 건넌 뒤 선착장에서부터 악츠에까지 9km다.

🏠 숙소 정보

Aktse Huts(550m)

- 오두막: 3개 | 침대: 34개 | 가게, 카드사용, 개 동반가능
- 오두막 이용료(2/25~5/1, 6/17~7/15, 8/29~9/18): 260크로나 | 비회원+100크로나 (7/16~8/28): 290크로나 | 비회원+100크로나
- 텐트 이용료: 무료 | 시설 이용료: 80크로나

* 다음날 보트를 타려면 예약해야 한다. 소요시간: 약 15분 | 요금: 1인당 200크로나

악츠에에서 생긴 돌발 상황

그래도 여행은 계속된다

악츠에Aktse ◐ 포르테Pârte

황금 독수리를 보았네

상쾌한 날씨다. 악츠에에서 호수를 건너 포르테로 간다. 악츠에 숙소에서 선착장까지는 약 1km 정도 거리다. 호수로 걸어가는데 모기가 떼를 지어 쫓아다녔다. 양봉장 벌꿀 통에 달라붙은 벌처럼 말이다. 악츠에 오도록 길은 쭉 뻗은 직선처럼 남쪽으로 뻗어 있었다. 그러나 오늘부터는 약간 서쪽으로 틀어져 내려간다. 보트는 9시에 출발이다. 선착장에 우리와 매그너스가 맨 먼저 도착했고 벨기에 학생들(이들은 대학교 2학년이다) 중 잔슨이 왔다. 이어서 울프람이 왔고 할머니 두 분도 내려오셨다. 그리고 허둥지둥 콜리 가족이 도착했다. 보트는 일곱 명이 타고 가는 것인데 울프람이 양보해서 우리와 함께 할머니 두 분이 먼저 배를 탔다. 울프람은 콜리 가족과 뒤에 올 것이다.

벨기에 청년 잔슨은 모터보트를 타고 반대편 선착장으로 간 뒤 노를 젓는 나룻배를 타고 되돌아가 친구들과 함께 다시 호수를 건너올

상쾌한 날씨다. 악츠에서 호수를 건너 포르테로 간다.
벨기에 청년 잔슨은 모터보트를 타고 반대편 선착장으로 간 뒤 그곳에서
노를 젓는 보트를 타고 되돌아가 친구들과 함께 다시 호수를 건너올 것이다.
노를 젓는 보트는 무료로 이용할 수 있다.

것이다. 노를 젓는 나룻배는 무료로 이용할 수 있다. 보통 호수에는 모터보트 외에 노를 젓는 나룻배가 세 대 있는데 호숫가 양쪽 선착장에는 나룻배가 한 대 이상씩 있다. 만일 내가 건너려는 곳에 나룻배가 하나 있다면 그 나룻배를 타고가 다른 편에 있는 두 대의 나룻배 중 하나를 끌고 돌아온 뒤 호수에 나룻배 하나를 남겨두고 호수를 건너야 한다. 나룻배가 한곳에 몰려 있게 되면 누군가는 호수를 건너지 못할 것을 배려해서다.

잔슨은 200크로나를 내고 모터보트를 타고 호수를 건너 노를 젓는 나룻배를 끌고 가 친구들과 함께 다시 호수를 건널 것이다. 그럼 그들에겐 400크로나가 절약된다. 성격 좋고 붙임성이 있는 녀석이 맘에 들었다. 어제 숙소에서 비가 내려서 추워 난로를 피웠으면 좋겠다고 했더니 잔슨과 친구들이 나무를 갖고 들어와 불을 피워주었다. 잠도 오지 않는 참에 숙소 밖에 널어놓은 그 애들의 옷을 난롯가에 널어놓고 고추 말리듯이 돌려가며 다 말려놓았다. 아침에 텐트에서 자고 오두막에 들어와서 옷이 다 마른 것을 보고 그들은 매우 기뻐했다. 내가 했다고 말하지 않았는데도 어찌 알았는지 찾아와 고맙다고 했다. 잔슨은 선착장에 내려서 묶여 있는 보트를 풀어 익숙하게 노를 저어갔다. 듬직한 뒷모습을 보니 기특하기도 하여 흐뭇한 미소가 피어올랐다.

오늘 지나는 구간은 키가 큰 숲길이다. 소나무와 전나무 그리고 자작나무가 많다. 소나무는 우리나라 울진에 있는 적송처럼 키가 큰 종류이다. 매 한 마리가 작은 새를 낚아채는 것을 보았다. 무서운 장면이다. 숲이 무성하다. 여름코스임을 표시하기 위해 숲속의 나무 기둥에는 짙은 오렌지색을 칠해놓았고 바닥에 이정표로 만든 돌무덤에도 짙은 오렌지색을 칠해놓았다. 겨울코스는 나무 기둥에 붉은 X 표시를 달아 헤매지 않도록 해놓았다. 숲을 지날 때다. 커다란 새가 어슬렁거리며 마치 타조처럼 걸어갔다. 새의 다리 근육이 어찌나 튼실하고 크던지 만일 나를 공격한다면 죽을지도 모른다고 생각할 만큼 날카롭게 생겼다. 이 독수리가 날개를 펼치면 그 길이가 2m나 되는 유명한 황금 독수리란 것을 나중에 알았다. 오늘은 뱀도 보았고 영지버섯도 보았다.

그러나 아직 마주칠까 두려워했던 늑대나 여우는 만나지 않았고 보고 싶은 순록도 만나지 못했다. 오늘도 큰 산을 하나 넘어야 하고 고지 500m쯤에서 900m로 올라가는 가파른 언덕을 오르고 그만큼의 경사로 내려가야 한다.

늘 그렇듯 가장 앞서서 K가 갔고 다음으로 함 교수와 매그너스가 뒤따랐다. 매그너스는 뒤에 오는 내가 보일 만큼의 거리에서 가고 있다. 고마운 마음 씀씀이다. 이젠 제법 친해져 장난도 자주 친다. 그는 개구리 인형을 들고 왔는데 그것을 이곳저곳에 놓고 사진 찍기를 즐겼다. 그는 컴퓨터를 전공해 지금은 컴퓨터 전문가로 일하는데 여름휴가를 온 것이다. 예쁜 남자아이 사진을 보여주며 자랑하는데 동생의 아이라고 한다. 할머니 두 분은 천천히 뒤에 오신다. 오늘 코스의 중간 지점쯤에 있는 피난용 오두막에서 점심을 먹었다.

매그너스는 뒤에 오는 내가 보일 만큼의
거리에서 가고 있다. 고마운 마음 쏨쏨이다. 이젠 제법
친해져 장난도 자주 친다. 그는 개구리 인형을
이곳저곳에 놓고 사진 찍기를 즐겼다.

오두막 관리인 로저 닐슨

매그너스가 경치 좋은 곳에서 쉬고 있다. 다 같이 쉬며 산 아래 호숫가의 별장 같은 집들과 수상 비행기들이 날아가는 것을 구경했다. 반대편에서 오는 이들이 여럿 있었는데 모두 개를 데리고 왔다. 중고생 또래의 손자 둘을 데리고 오신 할아버지와 할머니도 계셨다. 손자들과 함께 와서인지 즐거움이 넘쳐나신다. 모기는 악츠에 보다는 덜 하지만 그래도 윙윙거리며 날아다닌다. 하늘이 파랗다. 어찌 그리 파란지 나의 답답한 심사를 싹! 날려버릴 정도다.

포르테에서 다리를 지나니 사렉 국립공원의 경계임을 알리는 표지판이 보인다. 이제 우린 사렉 국립공원을 떠나는 것이다. 한 시간도 채 안 되는 거리에 포르테 숙소가 있었다. 악츠에서 이곳까지 오는 평균시간은 8~10시간인데 우린 9시간 40분 정도 걸려서 왔다. K는 우리보다 1시간 정도 빠르게 도착했다. 벨기에 청년들은 노를 저어 호수를 건넜음에도 우리보다 앞서 갔는데 벌써 도착해 텐트를 치고 놀고 있었다. 울프람은 곳곳에서 쉬면서 책을 보거나 다른 곳을 둘러보며 놀다 오기 때문에 우리보다 늦게 도착하는 경우가 많아서 아직 도착하지 않았다. 콜리 가족은 오는 도중에 텐트를 칠 것이고 할머니 두 분도 도착하지 않았다. K가 호수에서 수영을 했는데 물이 차지 않으니 호수에서 몸을 씻으라고 모두에게 권했다. 씻을 곳도 호수밖에 없다. 호수 왼편으로 흐르는 물은 먹고 씻는 데 쓰고 빨래는 오른편 호수에서 한다. 벨기에 청년들은 수영을 했다. 이곳 관리인은 로저 닐슨으로 여행자를 친절하게 대했다.

오늘 처음 만난 이들은 반대편에서 온 네덜란드 커플이다. 이들은 크비크요크에서부터 걷기 시작했다. 숙박비를 지불하는데 그들이 소지한 카드가 이곳 기계와 맞지 않아 숙박비를 낼 수 없었다. 이들은 네덜란드의 식구들을 통해 돈을 지불할 수 있는지, 아니면 살토루오크타에서 지불해도 되는지를 물었다. 관리인이 이 구간의 끝에 있는 살토루오크타에서 숙박비를 지불하도록 조치해주었다.

친절한 관리인을 만난 김에 몇 가지 묻고 싶은 게 있다고 하니 자신의 숙소로 초대했다. 우선 오두막의 주인인 관리인에 대해서 궁금한 게 많았다. 관리인은 많은 보수를 받는 것은 아니지만 원한 만큼 머물며 오두막을 관리한다고 한다. 보통 3개월 정도 머문다고 한다. STF에서 오두막 운영과 관리 그리고 관리인을 채용하고 쿵스레덴 길 관리는 노르덴주 지방 자치단체에서 한다. 쿵스레덴에 놓인 널빤지 길의 상태가 좋지 않다면 오히려 그 길 위를 걷는 이들이 다칠 수 있기 때문이다.

닐슨도 겨울 시즌에는 스키 캠프에서 일을 한다고 한다. 이곳에서 스키 타기에 가장 좋은 시기는 3~4월이며 10월부터는 오로라를 볼 수 있단다. 쿵스레덴으로 휴가를 가장 많이 오는 시기는 7월 16일부터 8월 28일 사이라고 했다. 관리인은 음식을 어떻게 공급받는지 물었는데 저장식품은 주로 겨울에 스노모빌로 실어다 놓는다고 했다. 신선한 생선을 잡아먹기도 한다며 오늘 먹은 생선 가시를 보여주었다. 제법 큰 생선이 잘 발라먹어서인지 예술적으로 가시만 남아 있었다. 가스나 가게의 물품들은 가끔 헬기로 공급받는 경우

도 있다고 했다.

그의 친절로 오두막에 모기향이 추가되었다. 통조림용 깡통에 총총히 구멍을 내었는데 그 안에 티 캔들을 하나 켜놓으면 깡통이 따뜻해진다. 그 위에 전기 모기향의 네모난 매트를 올려놓는 것이다. 티 캔들의 불빛이 깡통의 구멍을 통과하여 나와 따뜻하다. 늦게서야 울프람도 숙소에 들어왔는데 아직 할머니 두 분이 도착하지 않았다. 벌써 11시를 넘긴 시간이라 걱정이 되어 자꾸만 밖을 살펴봤다. 다행히 백야여서 길을 걷는 데 어둡지는 않지만 두 분은 텐트도 없기 때문에 이곳까지 오셔야만 한다.

부엌에서 늦게까지 책을 보는 매그너스에게 감사의 선물로 북마크를 주었다. 내일 이후 나의 일정을 아직 결정하지 않았지만 마음이 안정되지 않아 편안한 시간인 지금 감사와 이별의 선물을 미리 준 것이다. 내일이면 K가 걷기를 중단하고 돌아간다는 얘기는 아직 하지 않았다. 아마 함교수도 걷기를 중단하겠지. 매그너스! 미스터 개구리. 그는 개구리 인형을 꺼내 복화술을 하듯 고맙다고 인사한다. 모두가 잠들었다. 난 도무지 잠을 잘 수가 없어 다시 밖으로 나가 어슬렁거리면서 산책을 했다. 다음 일정에 대해 고민을 하며 한참 동안 백야의 차가운 바람을 즐겼다. 12시가 다 되어 갈 때쯤 드디어 할머니 두 분이 오두막 입구의 길목으로 들어섰다. 반가운 맘에 뛰어가 배낭을 받아 짊어지고 빈방으로 모셨다. 할머니 한 분이 어디서 넘어졌는지 얼굴이 피범벅이다. 안쓰러운 마음에 얼굴에 손을 대니 죽은 모기들이 다닥다닥 붙어 있었다. 얼굴로 달려든 모기

전날 저녁 12시가 다 되어서야 오두막에 도착한 할머니 두 분.
반가운 마음에 뛰어갔더니, 할머니 한 분의 얼굴이 피범벅이다.
안쓰러운 마음에 얼굴에 손을 대니 죽은 모기들이
다닥다닥 붙어 있었다.

를 때려서 죽였는데 그것이 얼굴에 붙어서 피범벅이 된 것이다. 두 분이 대충 짐을 푸는 동안 나는 부엌에서 물을 끓였다. 두 분이 따뜻한 물에 우유가루를 타서 마른 빵과 함께 드시는 것을 보니 오늘도 무사히 하루를 마무리한 것 같아 슬그머니 잠이 밀려왔다.

ⓘ **구간 안내**
- 악츠에Aktse → 포르테Pårte
- 거리: 20km | 소요시간: 8~10시간 | 코스 난이도: 상
- 악츠에에서 보트 타고 3km 이동. 소요시간: 15분 | 요금: 1인당 200크로나 | 출발시간: 9시, 조정가능

🏠 **숙소 정보**
Pårte Huts(500m)
- 오두막: 2개 | 침대: 26개 | 카드사용, 개 동반가능
- 오두막 이용료(2/25~5/1, 6/17~7/15, 8/29~9/11): 260크로나 | 비회원+100크로나 (7/16~8/28): 290크로나 | 비회원+100크로나
- 텐트 이용료: 무료 | 시설 이용료: 80크로나

이제는 혼자 가야 하는 길

포르테Pårte ◐ 크비크요크Kvikkjokk

짧은 인연이라도 헤어짐은 슬프다

오늘은 할머니 두 분의 배웅을 받고 떠난다. 할머니는 너를 영원히 잊지 못할 것이라며 안아주셨다. 우리는 서로 촉촉해진 눈빛으로 이별을 했다. 나이가 들면 작은 친절에도 감동을 받고 쉽게 잊히지 않는가보다. 어제 내가 베푼 작은 친절을 영원히 잊지 못한다고 하시니 감사한 마음이다. 그동안 여러 차례 도보여행을 하며 맺은 짧은 인연들과 눈물을 흘리며 헤어지는 것을 아쉬워했던 적이 여러 번 있었다. 그중에는 여행을 마치고 돌아와 소식을 주고받으며 친구처럼 지내는 사람도 있다. 이런 친구들이 있어 나는 세계의 시민으로 자처하며 산다. 그러나 할머니 두 분은 다시 만나기 어려울 것이다.

포르테 숙소 입구의 이정표는 특별하다. 1944년에 제작되었기 때문이다. 포르테에 처음 오두막이 세워진 것은 1890년이었지만 불타 사라졌고 같은 장소에 오두막을 다시 세웠다. 역사를 간직한

포르테 숙소 입구의 이정표는 특별하다.
1944년에 제작된 이정표이기 때문이다. 역사를 간직한
이정표가 그나마 남아 있어 세월의 흔적을 보여준다.

이정표가 그나마 남아 있어 세월의 흔적을 보여준다. 포르테 오두막을 지나 자작나무와 소나무가 있는 무성한 숲과 바윗길이 이어진다. 길 중간에 순록 우리가 있다. 오른쪽 스투오르 타타^{stuor tata} 호수 건너편에 사미 족 마을이 있기 때문이다. 송어가 많은 호숫가에 앉아 매그너스와 간식을 먹으며 물을 보충했다. 매그너스는 물을 펌프해서 정수하는 기구를 갖고 왔는데 궁금해하는 날 위해 시범을 보여줬다. 깨끗한 물을 먹기 위해 힘깨나 써야 하는 일이었다. 난 정수 기능이 있는 브리타 필터가 들어간 700ml 물통을 갖고 왔다. 아주 가볍고 간단하게 정수한다. 그러나 우린 이곳에 와서 이런 것들을 거의 사용하지 않았다. 워낙 물이 맑고 깨끗하기 때문이다. 길을 걷다보니 낡은 자작나무 널빤지 길을 대체하는 작업이 이루어지고 있었다. 방금 망치질을 거두고 점심을 먹으러 간 듯 보였다. 낡고 삭아버린 자작나무 널빤지들은 한편으로 쌓아놓거나 더 질펀한 저지대의 널빤지 길 옆에 보조로 놔두었다.

오늘은 크비크요크 쪽에서 오는 이들이 많았다. 특히 개를 동반한 사람들이 많았는데 그것도 덩치가 큰 개들이다. 오늘도 매그너스가 뒤돌아보면서 내가 보일 만큼만 앞서서 가주었다. 앞으로 일정을 어떻게 짜야 할지 생각을 많이 했다. 우선 두 가지 선택지가 있는데 할머니 두 분이 엄지손을 치켜들고 매우 아름다운 곳이라 했던 암마르네스-헤마반 코스로 바로 갈 것인지 아니면 일정대로 전 구간을 걸어갈 것인지 고민이다. 궁리 끝에 걷기로 계획했던 크비크요크에서 레브팔스스투간^{Rävfallsstugan}을 건너뛰기로 했다. 핑

계를 대자면 이 구간은 STF와 협약을 맺은 구간이 아니어서 숙소 이용이 어렵고 식료품 구입이 쉽지 않아 미리 여유 있게 식량을 사서 짊어지고 가야 한다. 텐트에서 자는 거야 좋고 전 구간을 걷는 매그너스에게 도움 받아가며 갈 수도 있겠지만 늘어나는 배낭의 무게를 감당하기 어려울 것 같았다(이 지역은 지금까지 지나온 곳보다 호수가 더 많아 낚시를 할 수 있는 곳으로 유명해 사설 숙소들이 많다는 것을 나중에 알았다). 무엇보다 여행을 함께 시작한 두 사람이 떠난다고 해서 기운이 많이 빠졌다.

매그너스는 노래를 부르며 앞서 갔다. 함께 앉아서 쿠키를 나눠 먹을 때도 개구리를 꺼내 장난을 치며 즐거워했다. 그렇지만 오늘 저녁 크비크요크에서 매그너스에게 작별인사를 해야 한다. 마음이 정리되어 그렇게 우울하거나 심란하지 않았다. 크비크요크에 도착할 즈음 자작나무를 벌목하여 넓어진 길을 따라 내려가면 주차장이 나온다. 바로 그 오른편 언덕을 오르면 크비크요크 마운틴 스테이션이다. 참으로 싱겁게 크비크요크에 도착했다. 이곳에서도 자작나무로 만든 붉은 대문을 통과하는데 대문 상단에는 쿵스레덴이라 씌어 있다. 북쪽 끝 저 멀리 아비스코에서 출발하여 크비크요크까지 이르는 182km의 길이 1920년대에 완성되었는데 이를 기념하기 위해 만든 대문이다.

함 교수는 도착하자마자 신호가 울리는 전화를 받느라 바쁘고 나는 안내 데스크로 가서 방과 저녁을 예약했다. 오늘도 우리 일행만 한 방을 쓰게 되었다. 크비크요크 숙소는 마운틴 스테이션으로 규

▲ 매그너스는 물을 펌프해서 정수하는 기구를 갖고 왔는데
　궁금해하는 날 위해 시범을 보여줬다.

▲ 길을 걷다보니 낡은 자작나무 널빤지 길을 대체하는 작업이 이루어지고 있었다.
　낡고 삭아버린 자작나무 널빤지들을 한편으로 쌓아놓거나
　더 질펀한 저지대의 널빤지 길 옆에 보조로 놔두었다.

모가 크며 인터넷을 포함한 웬만한 편의시설은 모두 이용할 수 있다. 방에서 짐 정리를 하고 배터리를 충전한 뒤 빨래를 마무리했다. 안내 데스크로 왔더니 벨기에 청년들과 울프람도 도착했다. 크비크요크는 쿵스레덴을 걷는 사람들이 여행을 시작하거나 마무리하는 곳이고 인근의 호수에서 낚시를 즐기는 이들도 찾아오기에 여행자들이 많았다. 한 아저씨가 내게로 오더니 보트 관광을 권했다. 그분에게 가까운 곳에 있는 요크모크에서 차를 렌트할 수 있는지 물었다. 확신할 수는 없지만 아마 가능할 것이라고 했다.

미스터 개구리의 위로

크비크요크에 도착해서 얻은 현지정보인 보트 관광, 차량 렌트, 이곳에서 제일 가까운 작은 도시인 요크모크로 가는 차 시간 등을 K와 함 교수에게 알려주려고 말을 꺼냈다. K는 휴대폰에 집중한 채 동행은 여기까지가 끝이라고 짧게 말했다. 나는 무엇을 같이하고자 혹은 동행하자고 말한 것이 아니다. 이곳에서 현지인에게 얻은 정보를 전해주려 한 것뿐인데⋯⋯.

이제 2주 동안 함께한 여행을 정리하고 두 사람은 떠날 것이다. 그래, 그동안 함께 힘든 길을 걸어온 의리로 이제 내 마음을 정리하자.

저녁식사 후 매그너스에게 이곳 유적인 교회를 보러 가자고 했다. 함께 걸으며 이제 친해지기 시작한 그에게 헤마반까지 함께 못 가게 되어 미안하다고 했다. 이어서 우리의 일정이 변경되었음을

크비크요크 마운틴 스테이션에도 자작나무로 만든 붉은 대문이 있다.
북쪽 끝 저 멀리 아비스코에서 출발하여 크비크요크에 이르는
182km의 길이 1920년대에 완성되었음을 기념하기 위해 만들었다.

크비크요크에 위치한 교회 전경(위)과 내부.

말해주었다. K와 함 교수는 이곳에서 도보여행을 마치는 대로 차량을 렌트해 떠날 것이며, 나는 쿵스레덴 두 구간크비크요크에서 레브팔스스투간을 뛰어넘어 암마르네스에서 시작해서 헤마반으로 갈 것이라고 했다. 나의 이야기를 진지하게 듣던 매그너스가 개구리를 꺼내더니 점프시켜가며 말했다.

"코리안 리틀 솔저 나빠. 킴은 그래도 나와 같이 가면 안 돼? 미스터 개구리는 이제 쓸쓸해."

매그너스 덕분에 웃을 수 있어 고마웠다. 숙소로 돌아와 배낭을 정리해 아비스코에서부터 들고 온 쓰지 않은 가스통을 매그너스에게 주었다. 먹지 않은 고추장은 떠나는 두 사람에게 주었다. 배낭 속의 영수증까지 정리해서 버렸다. 짐을 정돈하며 새로운 각오를 다졌다. 나는 새로운 정보를 더 많이 알고 싶어서 오두막 주변을 돌아다니며 사람들을 만났고 요크모크에서 어떻게 암마르네스로 가야 하는지 물었다. 그 결과 이 지역을 다니는 버스시간표 책자를 구할 수 있었고 지역 주민인 보트 아저씨와 크비크요크 오두막 담당자를 통해 더 많은 정보를 들을 수 있었다. 이제 차근차근 새로운 길을 가기만 하면 된다. 오늘은 잠들지 않는 백야가 싫다. 우울한 내 심사를 보이고 싶지 않기 때문이다.

① 구간 안내

- 포르테Pårte → 크비크요크Kvikkjokk
- 거리: 16km | 소요시간: 5~6시간 | 코스 난이도: 중

🏠 숙소 정보

Kvikkjokk Huts

- 오두막: 3개 | 침대: 68개 | 카드사용, 식당, 카페, 낚시, 보트 관광, 자전거, 인터넷, 장애인 시설, 샤워 시설, 사우나(사우나비 따로 받음), 개 동반가능, 카약 대여, 드라이 룸, 야외 식품, 장비 대여와 판매
- 오두막 이용료(성수기): 575크로나 이상, 1인실 | 775크로나 이상, 2인실 | 275크로나, 3인실 | 비회원+100크로나 (비성수기): 575크로나 이상, 1인실 | 775크로나 이상, 2인실 | 275크로나, 다인실 | 비회원+100크로나

* 크비크요크에서 출발하는 버스가 있다. 출발시간: 8/50 | 15/50 버스는 무리에크murjek까지 간다.

스웨덴 원주민이 사는 마을 요크모크

크비크요크 Kvikkjokk ➡ 요크모크 Jokkmokk

시골 버스기사는 멀티플레이어다

크비크요크에서 다른 마을로 가는 유일한 버스인 94번 버스는 하루에 두 번 있다. 버스를 놓치지 않으려고 부지런히 준비해서 94번 버스 정류장으로 왔다. 함 교수와 K도 함께 요크모크로 간다. 그들은 렌트한 차량을 요크모크에서 인수받는다. 나는 요크모크에서 버스를 바꿔 타고 암마르네스로 가야 하는데 버스 시간이 맞지 않아 하루 쉬고 다음날 암마르네스로 갈 것이다. 그런데 매그너스가 보이지 않았다. 아침식사 때 그를 만날 것으로 생각했지만 볼 수 없었다. 그는 내가 타고 갈 버스 시간과 장소를 잘 알고 있다. 그럼 버스 타는 곳에서 볼 수 있을까? 그렇지만 버스가 출발할 때까지 매그너스가 보이지 않았다. 아침이면 늘 우리와 함께 출발하기 위해 일찍 준비하고 기다렸던 친구인데 말이다. 어쩌면 그는 이별을 피하고 싶었는지도 모른다. 이제 정들어가는 듬직한 친구를 두고 떠나는 아침! 뭔가 허전한 맘이 밀려온다. 그래, 나도 이런 아쉽고

쓸쓸한 헤어짐은 매그너스처럼 피하고 싶다.

크비크요크에서 떠나는 94번 버스는 동네의 우편과 물품도 배달한다. 어떤 버스 정류장은 무인 정류장임에도 배달물과 우편물이 있었고 때론 버스 시간에 맞추어 물품을 찾으러 온 사람도 있었다. 우리나라에서도 고속버스 편으로 택배를 보내기도 한다. 시골의 집배원이 우편물 배달 이외에 외진 마을에 홀로 사는 노인들을 위해서 잔심부름까지 해주는 것을 방송을 통해 본 적이 있는데 스웨덴의 작은 시골 마을을 다니는 버스의 운전기사는 두 가지 일을 다 한다. 여기에 기본적으로 승객 운송도 하니 세 가지 일을 하는 것이다. 크비크요크가 목적지인 울프람과 같은 버스를 타고 요크모크까지 왔다. 그는 요크모크에서 내리지 않고 이 버스의 종점까지 가서 더 큰 도시로 간다. 우린 이메일 주소를 교환했다. 내가 울프람의 사진을 한 장 찍어 보여줬는데 마음에 든다며 꼭 보내달라고 했기 때문이다. 서로 남은 일정을 잘 보내란 격려의 말을 하고 헤어졌다.

요크모크 버스 정류장의 모습을 묘사하면 이렇다. 버스들이 들렀다 가는 정류장에는 커다란 창고가 있다. 여러 지역을 돌아다니는 시골 버스들이 마을에서 갖고 온 온갖 물건들을 내려놓고 또 새로 싣고 간다. 배달된 물품들은 모아서 분리해 놓는다. 이곳에서 주인이 직접 찾아가는 물건과 다른 버스에 실어 보내는 것으로 말이다. 정류장의 매표소는 버스표를 파는 것 외에 안내소 역할도 했다. 한 사람이 창고관리와 표 판매 그리고 안내까지 모든 것을 하고 있었다. 다행히 이곳에서 일하는 직원은 친절하게 암마르네스로 가는

버스들이 들렀다 가는 정류장에는 커다란 창고가 있다.
여러 지역을 돌아다니는 시골 버스들이 마을에서
갖고 온 물건들을 내려 놓고 또 새로 싣고 간다.

이 호텔은 요크모크에서 유명한데 크지 않고 아담하다.
벽면에 요리사인 호텔 주인이 국왕과 함께 찍은 사진들을 곳곳에 붙여놓았다.
살펴보니 주인장은 스위스의 호텔학교를 나왔고 이 지역의 명사다.

버스의 시간표와 이동 노선을 차근차근하게 인터넷을 검색해가며 찾아 출력해주고 설명도 해주었다.

암마르네스로 가는 방법을 정확하게 알고 난 뒤 함 교수가 가르쳐준 호텔로 찾아갔다. 오늘도 우리 셋은 같은 호텔에 머문다. 물론 오두막과 달리 각자 다른 방을 쓴다. 좀 불편했지만 작은 동네인데 굳이 서로 다른 호텔에서 잠을 잔다는 게 이상하니 함께 묵는다. 우리가 묵는 호텔HOTEL GÄSTIS은 요크모크에서 유명하다. 크지 않은 아담한 숙소인데 벽면에 요리사인 호텔 주인이 국왕과 함께 찍은 사진들을 크게 곳곳에 붙여놓았다. 살펴보니 주인장은 스위스의 호텔학교를 나왔고 이 지역의 명사名士다. 그래서 그의 이력들을 보여주는 사진들을 자랑스럽게 장식한 것이다.

요크모크의 호텔에 도착해 와이파이 서비스를 받아 휴대폰을 켜니 이지송 감독님의 문자가 왔다. 그분은 나도 알고 K도 안다. 여행을 잘하고 있는지에 대한 안부 문자인데 나도 모르게 뜨거운 눈물이 쏟아졌다. 나중에 알았지만 K를 통해 이미 우리가 따로 헤어져 길을 가게 된 것을 알고 문자를 보내신 것이다. 크비요크에서 전화를 할 수 있었지만 서울의 누구에게도 이런 사실을 얘기하지 않았다. 그런데 이상하게도 감독님의 문자가 새롭게 혼자서 길을 떠나려는 나의 등을 따뜻하게 쓰다듬으며 위로와 격려를 해주는 듯한 기분이 들었다. 문자에 대한 답으로 잘 지내고 있다고 했다. 일행들과 헤어졌다는 말은 하지 않았다. 염려를 끼치고 싶지 않은 마음에서다.

전통문화를 이어가는 사미 족

요크모크는 이 지역 원주민인 사미 족이 순록을 팔거나 종교활동과 사교모임을 가지면서 형성된 도시로 현재도 사미 족 문화의 중심지다. 요크모크의 사미박물관은 무료로 볼거리가 많다. 사미 족 재산목록 제1호인 순록과 함께 사미 족들이 사는 모습을 볼 수 있다. 5,000여 년 전 암각화에 울타리 안으로 순록을 몰아넣는 모습이 있을 만큼 이 라플란드에서 사미 족과 순록은 오랜 세월 동안 공존해왔다. 사미 족들이 오래전부터 만들어온 수공예품과 의상들도 볼 수 있는데 사미 족들의 수공예품 솜씨는 세련되고 훌륭했다. 라플란드가 세계문화유산 지역으로 선정되면서 세계적인 관광지로 떠오르자 수공예품을 팔거나 이 지역을 찾는 도보여행자들을 위한 서비스업에 종사하는 일이 사미인들의 주요 수입원으로 떠오르기 시작했다. 박물관에서는 아주 오래전부터 지금까지 순록을 따라 이동하며 사는 사미 족의 유목 생활을 볼 수 있었다.

또한 길에서 보았던 새와 꽃들의 사진에 이름과 함께 상세한 설명이 붙어 있었고 입체 음향 시스템으로 숲속에서 들리는 새소리와 푸드득거리며 옆에서 새가 날아가는 소리, 누군가를 부르는 사미인들의 소리가 들렸다. 함 교수는 방문객들이 어디서 왔는지 표시하는 곳을 발견하고는 서울에 핀 세 개를 꽂았는데 그곳에는 이미 한국인이 꽂은 두 개의 핀이 있었다고 한다. 요크모크는 작은 마을이다. 주로 사미 족에 관심을 가진 이들이나 이 지역 어딘가를 가는 도중 점심을 먹을 겸 들르는 이들이 많다.

지금은 한산하지만 왁자지껄 한바탕 흥이 나는 때가 있다. 1년에 딱 한 번 열리는 전통시장이 들어설 때다. 이 전통시장은 1605년부터 시작된 장터로 2월 첫째 주에 닷새 동안 열린다. 외부인들에게 사미 족의 문화를 접하는 기회를 제공하고 사미 족의 정체성을 잊지 말자는 의미로 시작된 행사다. 사미 족 움막도 설치하고 전통 물건을 팔며 한쪽에서는 개 썰매와 순록 경주대회도 연다. 바로 이 시기에 요크모크가 관광객으로 북적거린다. 박물관 기념품을 파는 곳에서 패치용으로 만든 사미 국기를 샀다. 사미를 기억하고 싶어서다. 박물관을 나와 한적한 거리를 어슬렁거리며 요크모크를 둘러보았다. 박물관 가까이에 STF 숙소가 있었다. 다음에 누군가 요크모크에 온다면 저렴하고 깨끗한 STF 숙소에서 머물 것을 권하겠다.

나는 이미 요크모크 버스 정류장에서 암마르네스로 가는 교통편을 알아보았다. 이곳에서 승용차로 간다면 두 시간 정도 걸리는 거리다. 그러나 버스를 타고 가야 하는 나는 하루에 두 번 운행되는 버스를 타고 먼저 소르셀레로 간다. 소르셀레에서 암마르네스로 가는 버스 역시 하루에 두 번 운행되기에 그 버스를 또 기다렸다 타야 한다. 그러니 요크모크에서 출발해 암마르네스에 도착하기까지 하루가 걸리는 것이다. 처음에는 함 교수에게 암마르네스에 데려다줄 수 있는지 물었다. 물론 함 교수는 그렇게 하겠다고 했지만 그냥 버스를 타고 가기로 했다. 렌트한 차량을 타고 가면 시간을 절약하고 몸은 편하겠지만 마음이 더 편한 길을 택하고 싶었다.

우리 엄마는 "애야, 사람을 만나는 것도 중요하지만 잘 헤어지는

것도 중요하단다"는 말씀을 학년 말이나 학교를 졸업할 때 들려주셨다. 나이가 들어갈수록 절친한 친구 사이든 연인이든 만남보다 헤어짐이 더 힘들다는 것을 잘 알게 된다. 오늘 저녁 그동안 함께 길을 걸은 두 사람에게 고마운 마음으로 식사 대접을 했다. 나름대로 헤어짐을 잘 정리했다. 내일이면 나는 다시 쿵스레덴을 걸을 것이다. 털어내야 할 것은 깨끗이 털고 일어서서 다시 우아하게 왕의 길로 들어설 것이다.

🚌 크비크요크-요크모크행 버스

- 시간표: 8/50 | 15/50
- 요금: 194크로나
- 소요시간: 약 2시간 20분

🚌 요크모크-크비크요크행 버스

- 시간표: 10/00 | 14/20
- 소요시간: 약 2시간 20분

🏨 요크모크 숙소 안내

Hotel GÄSTIS

- 숙소 이용료: 850크로나 | 아침 포함 | 싱글

STF YOKKMOKK VANDRARHEM

- 숙소 이용료: 315크로나+a(싱글룸) | 185크로나+a(트윈/더블) | 비회원 +100크로나
- 다인실: 침대 130크로나 | 어린이 70크로나
- 방: 14개 | 침대: 45개
- 위치: 시내에 있다. 버스 정류장에서 출발해 요크모크의 중심 도로에서 사미박물관으로 가는 방향으로 걷는다. 분수대가 있는 공원을 지나 가로길을 만나 우회전하면 아스가탄Asgatan 길을 만난다. 그곳에 숙소가 있다.
- 카드, 장애인 시설, 사우나, 장비 판매 · 대여, 자전거 대여, 낚시, 인터넷 가능

소중한 인연으로 여행이 빛나는 순간

요크모크 Jokkmokk ⊙ 소르셸레 Sorsele ⊙ 암마르네스 Ammarnäs

루스, 브릿마리와의 첫 만남

　배낭을 짊어지고 내가 먼저 호텔을 나섰다. 우린 그렇게 미련 없이 거리에서 헤어졌다. 날씨도 맑고 화창하다. 기분도 새롭다. 지금 내가 이동하는 지역은 남한보다 네 배 정도 넓은 땅덩어리에 전체 인구가 천만도 안 되는 나라 스웨덴, 그중에서도 외진 북부다. 자가용으로 요크모크에서 암마르네스까지 가는데 하루에 두 번 운행되는 버스 시간에 맞추어 이동하려니 하루가 종일 걸린다. 여기서도 시골길 버스기사는 우편배달부 역할까지 하느라 바쁘다. 그러나 최첨단 시대에 이런 모습을 보는 것도 즐거움의 하나다. 낯선 곳으로 가는 가벼운 흥분으로 지루하지 않게 암마르네스로 간다. 외롭지도 않고 불편하지도 두렵지도 않다. 어디 낯선 곳으로 떠난 적이 한두 번이던가. 낯선 곳 낯선 사람들을 만나는 것이 좋다. 새로운 기대감으로 차오르는 설렘을 즐긴다.

　버스를 바꿔 타는 소르셸레의 버스 정류장 옆에는 커다란 슈퍼마켓이 있다. 아주머니가 어찌 대형 매장을 물끄러미 바라보고만 있을까. 더구나 시간도 충분한데. 흠. 그리하여 바구니 하나를 들고 매장 안을 돌아다녔다. 침을 꿀꺽 삼킬 정도로 맛난 것들이 줄지어 유혹하지만 정작 뭘 사기가 겁났다. 배낭이 무거워지기 때문이다. 그래도 과일과 말랑한 빵도 사고 견과류도 한 봉지 샀다.

정류장 의자에 앉아 살짝 낮잠을 즐기는데 배낭을 메고 키 큰 여자 둘이 성큼성큼 들어선다. 기분 좋은 만남이 될 것 같은 기대감에 절로 웃음이 났다. 반가운 마음에 벌떡 일어나 오랜 친구 만난 듯 다가가 인사를 했다. 역시! 두 분은 나처럼 암마르네스에서 출발하여 쿵스레덴에 간다! 나의 환영을 즐겁게 받아주는 루스와 브릿마리. 초면이지만 유쾌한 사람들이다. 루스는 작년에 다른 친구들과 함께 이 구간을 걷기 위해 쿵스레덴에 왔다고 한다. 암마르네스를 지나 산을 타고 가는 아이게르트스투간에서 한 사람이 다쳤는데 전화가 안 되는 곳이라 비상헬기를 부를 수 없어서 모두 같이 걸어서 암마르네스로 내려와 다친 친구와 함께 집으로 돌아갔다고 했다. 그러고는 올해 다시 쿵스레덴을 걷기 위해 친구인 브릿마리와 함께 온 것이다.

암마르네스로 가는 버스는 루스와 브릿마리 그리고 나 이렇게 세 사람을 태우고 출발했다. 도중에 개를 데리고 두 부부가 탔다. 볼보사에서 만든 커다란 버스에 달랑 다섯 명이 타고 간다. 버스는 강가를 따라가는데 강가 곳곳에는 낚시를 즐기는 이들이 있다. 물이 무척 차가울 텐데도 흐르는 강물에 몸을 반쯤 담그고 낚시를 하는 이들도 있다. 이 지역에 사는 아저씨 한 분이 낚시를 하고 돌아가느라 버스를 탔다. 물고기가 담긴 통을 보니 아저씨를 기다릴 가족들이 그림처럼 떠오르며 "푸른 물결 춤추고 갈매기 떼 넘나들던 곳, 내 고향집 오막살이가 황혼 빛에 물들어간다. 어머님은 된장국 끓여 밥상 위에 올려놓고 고기 잡는 아버지를 밤새워 기다리신다. 그리워라~ 그리워라" 뭐 이런 노래가 절로 흥얼거려진다. 낚시꾼 아저씨는 버스기사 옆에 앉아 버스가 정지하면 우편물을 들고 얼른 뛰어 내려 개인용 우편함에 넣고 다시 올라탔다. 아마도 이 두 양반은 이 지역에 있는 집들의 숟가락 숫자도 다 알 것이다. 낚시꾼은 기사를 도와 몇 번 우편물을 나르더니 집에 다 왔는지 낚시 바구니를 들고 내렸다.

이렇게 암마르네스로 가는 버스의 풍경도 재밌다. 버스기사는 마을을 지나는 경우 마을 입구에 설치된 공동 우편함이 늘어선 오두막으로 들어간다. 한 아름 안고 버스에서 내린 우편물을 각 집의 주소와 이름이 적힌 우편함에 넣는다. 택배를 받는 경우는 미리 연락을 받아서인지 버스 도착시간에 맞추어 수령인이 나와 있기도 했다. 큰 동네 슈퍼에 주문한 장바구니를 배달하기도 하고 만일 물품을 찾을 주인이 나와 기다리는 경우 지나는 동네 소문까지 덤으로 전달한다.

예전에 북유럽의 시골을 차로 여행했을 때다. 집집마다 국기를 걸어 놓거나 아님 독특한 깃발들을 높은 깃대에 매달아놓는 것을 보았다. 이곳도 스웨덴의 국기를 변형시켜 뱀장어처럼 길게 만들어 하늘에서 물결을 타고 노닐 듯 바람결 타고 흐르게 했다.

"나는 이렇게 긴 말라깽이 스웨디시라우!"

그 깃발은 마치 일본에서 볼 수 있는, 긴 장대 끝에 매달린 잉어가 바람결에 날리는 고이노보리鯉のぼり와 같다. 하지만 일본 잉어는 통통했다. 가끔 직사각형으로 만든 사미 족의 깃발이 나부끼는 집들도 있다.

"나는 세상 통틀어 6만여 명 있다는 사미인이라우!"

차창 밖에 스치는 수많은 장면 위로 사미 족과 대화를 나누는 상상을 하며 심심치 않게 암마르네스까지 올 수 있었다. 버스 정류장에서 루스와 브릿마리는 바로 아이게르트스투간으로 떠났다. 암마르네스에서 아이게르트스투간까지는 8km, 가는 데 4~5시간 정도 걸린다. 루스와 브릿마리는 저녁 9시경에 도착하리라 예상하며 길을 떠났다. 난 암마르네스에서 쉬고 내일 출발할 것이다. 아이게르트스투간에서 다음 목적지 세르베스투간까지는 19km다. 산등성이를 타고 가는데 오르내리막이 많아 평균 소요시간이 9시간이니 난 10~11시간 걸리는 거리다. 서울에서 구글 지도를 통해 코스를 들여다보다 다른 길도 있음을 알았다. 모터보트를 타고 호수를 건넌 뒤에 걸어가는 코스인데 짧고 편한 길이니 난 그리로 갈 것이다. 그렇다면 아이게르트스투간은 건너뛰는 것이다. 루스에게 작년처럼 다치는 일 없이 아이게르트스투간을 지나 세르베스투간에서 다시 만나자고 한 뒤 헤어졌다.

사미인 잉에르 헬만이 들려준 이야기

암마르네스의 STF 숙소는 낚시를 즐기기 위해 온 이들로 북적였다. 마치 해녀복을 벗어놓듯이 낚시로 젖은 옷들을 오두막의 난간 곳곳에 걸쳐놓았다. 오늘 이곳에서 쉬고 쿵스레덴으로 가는 이들은 없는 것 같다. 암마르네스와 헤마반 사이의 지도를 사고 내일 타고 갈 보트를 예약했다. 무릎이 쑤시고 아파서 동네 슈퍼에 가서 근육통증 완화크림인 볼타린도 샀다. 소르셀레에서 장 본 음식으로 저녁을 먹고 사람들을 만나고 싶어 암마르네스 숙소의 레스토랑으로 갔다. 바와 함께 운영되는 곳이다.

레스토랑의 탁자에 둘씩 혹은 서너 명이 앉아서 식사를 하는데 혼자 씩씩하게 저녁을 먹는 여인을 봤다. 자리가 없어서 같이 앉아도 되는지 물어본 뒤 합석했다. 그 지역 잡지를 보며 커피를 마시다가 내가 먼저 얘기를 꺼냈다.

"저는 쿵스레덴을 걸으며 순록을 보고 싶었고 사미 족을 만나 애기도 하고 싶었는데 아비스코를 출발해 지금까지 그렇게 하지 못했어요."

그녀가 눈을 동그랗게 뜨고 웃으며 말했다.

"내가 사미인이에요."

반가운 마음에 손을 내밀었더니 따뜻하게 잡아주었다. 낯선 곳 낯선 이들 틈에서 우리를 바라보는 낯선 시선들을 의식하며 손을 잡은 순간 우리가 친구가 되었음을 느낄 수 있었다. 그녀의 이름은 잉에르 헬만Inger Hellman. 영리하고 다부지게 생긴 여인이다.

소중한 인연으로 여행이 빛나는 순간

암마르네스의 STF 숙소는 낚시를 즐기기 위해 온 이들로 북적였다.
마치 해녀복을 벗어놓듯이 낚시로 젖은 옷들을
오두막의 난간 곳곳에 걸쳐놓았다.

암마르네스 숙소 레스토랑에서 우연히 만난 사미인 잉에르 헬만.
영리하고 다부지게 생긴 그녀는 사미 족에 깊은 관심을 보이는 나에게
호감을 보이며 그들의 역사와 문화, 오늘날의 생활에 대해
친절하게 설명해줬다.

Inger Hellman

"킴! 당신이 보고 싶어하는 순록은 지금 서쪽의 높은 산 노르웨이 가까이로 이동했어요. 우리에게 그런 국경은 의미가 없는 것 알죠? 지금 이곳은 순록들에게 덥기 때문이죠. 오는 동안 모기 때문에 고생했죠? 순록도 모기를 아주 싫어하죠. 순록은 이동하면서 5~6월이면 새끼를 낳아요. 순록을 키우는 사미인들은 순록을 따라가 새끼들을 찾아 표시를 해주어야 한답니다. 자유 방목하며 이동하는 순록들의 귀에는 순록 주인들의 독특한 사인이 붙어 있는데 그 사인을 보고 소유권을 주장하지요. 순록들이 무리를 지어 다니다 섞인 경우에도 주인들은 그 사인을 보고 자기 순록을 찾는답니다. 순록의 새끼들은 어미들 곁에 머물기 때문에 어미 옆에 붙어 있는 새끼를 얼른 찾아 똑같은 문양의 사인을 해주어야 해요. 그런데 지금이 바로 그 시기여서 순록을 키우는 사미인들은 모두 순록을 따라 이동 중이랍니다. 한 마리라도 더 챙겨야 하니까요."

그녀는 말을 이었다.

"그러고요, 킴! 순록은 아주 예민해서 바람결에 묻어오는 냄새를 맡고 먼저 사람을 피하기 때문에 당신이 볼 수 없었던 것이죠. 순록의 대장은 한 마리인데 그 대장 순록만 목에 방울을 달고 있어요. 순록의 무리들은 그 대장을 따라다니죠."

아! 그렇구나. 그런데 나는 이제껏 지나온 길에서 그 방울 소리도 듣지 못했다. 잉에르 헬만은 먼 곳에서 온 낯선 동양 여자가 그들의 조상에 대해 미리 공부하고 관심을 갖고 사미박물관을 둘러본 것이 매우 흥미롭다고 말했다. 그녀는 반짝거리는 영리한 눈으로 마치

밀렸던 얘기를 친구에게 쏟아내듯이 신나게 말했다.

"순록은 아주 영리해요. 냄새를 킁킁 맡은 후 나쁜 것은 절대 먹지 않죠. 한겨울 눈 속을 헤집고 그 속에서 자란 이끼류를 먹고 자라는 순록의 고기는 건강에 아주 좋아요. 우리 사미인들은 평균 90세를 살죠. 건강하게 말이에요. 그러니 여행하는 동안 순록 고기 많이 드세요. 순록 고기는 많이 먹어도 혈관이 깨끗하답니다. 내가 여기에 왜 온지 아세요? 물론 난 이 근처에서 살지만 이 집에 순록 고기를 배달하러 왔어요. 오늘 당신이 이곳에서 순록 고기를 먹었다면 나의 순록들이죠."

잉에르 헬만의 조상은 이곳에서 대대로 300년 동안 순록을 기르며 살아왔다고 한다.

"내 순록들에게 하는 사인도 알려줄게요."

그녀는 내 노트에다 그림을 그렸다.

"자, 이렇게 사인한 것은 모두 내 소유죠."

잉에르 헬만은 사미 족이 받은 핍박과 요즘 일어나는 유목민과 삼림회사 지주들 간의 문제에 대해서도 이야기했다.

"이곳 사미 족과 북부 지역의 지주들 사이에 문제가 있어요. 삼림회사 지주들은 순록 방목으로 엄청난 경제적 손실을 입었다고 주장하지만 우리 사미 족들은 지금까지 대대손손 자유롭게 방목을 해온 권리가 있어요. 우리의 권리가 먼저라고 생각해요. 우리 조상만 해도 300여 년 동안 이곳에서 순록을 키우며 유목생활을 했거든요. 우리 사미 족 조상들은 순록을 키우며 얻은 수익의 일부를 국왕에게 해마다 세금으로 납부했고 깊고 높은 북부 산간의 광산에서 은과 구리를 캐내어 국왕에게 바쳤어요. 이러한 이유로 우리 사미 족들은 스웨덴 북부에서 자유방목을 할 무제한의 권리가 있죠. 법원에서도 우리 사미 족의 주장을 인정해주었어요. 하지만 아직 문제가 해결된 것은 아니랍니다.

또 하나의 문제는 스웨덴의 넓은 땅을 개간하고 사람들이 살게 하기 위한 새로운 이민정책으로 농경지가 원주민 거주 지역으로까지 확장되면서 토지 사용을 둘러싼 갈등이 생긴 것이지요. 정부의 정책은 사미 족의 거주지나 수많은 순록의 터전이 사라지는 것에는 관심이 없어요. 또한 정부와 교회에서 사미의 문화를 샤머니즘이라고 하며 억압했고 사미 족은 개종을 강요당하기도 했죠. 그런 어려움 속에서도 우리 사미 족들은 오랫동안 우리의 권리를 지키기 위해 노력해왔지요. 그 결과 지금은 원주민으로 인정받게 되었어요."

"네. 저도 요크모크에서 사미박물관을 보고 사미의 문화와 언어를 조금이나마 접해보았어요. 그리고 사미 족이 어떻게 소수민족의 문화를 지키려 하는지 감명 깊게 보았어요."

"킴! 이곳이 세계문화유산으로 지정된 것은 아직 때 묻지 않은 대자연 속에서 우리 사미인들인 소수민족이 지켜가는 문화 덕분이에요."

그녀는 정확하고 이해하기 쉽게 내게 사미 족에 대해 설명해주었다. 난 그녀의 눈 속으로 빠져들어갈 듯이 그녀를 바라보며 이야기를 들었다.

"우린 해마다 2월에 요크모크에 모여 사미 족들의 전통 축제를 벌이죠. 그때 오면 재미날 텐데……."

그녀에게 박물관에서 본 사미 족들의 훌륭한 수공예품을 칭찬하고 기회가 되면 사고 싶다고 말했다.

"언제 떠나요? 이틀 뒤에 내 친구가 산에서 돌아오는데 솜씨가 꽤 좋아요. 그리고 만들어놓은 공예품이 많답니다."

내가 요크모크에서 기념으로 산 사미 족의 깃발을 그녀에게 보여주었다. 잉에르 헬만은 내가 진심으로 사미 족의 문화와 역사에 관심이 있음을 알고 잠시 내 얼굴을 바라보더니 기특하단 듯 내 손등을 살짝 쓰다듬어주며 깃발의 의미를 설명했다.

"사미 깃발의 파란색은 물과 하늘, 빨간색은 불, 녹색은 대지, 노란색은 태양, 빨간색 바탕에 파란색 반원은 달, 파란색 바탕에 빨간색 반원은 해, 두 개의 반원이 모여 하나의 원을 이루는 것은 사미의 연합을 의미해요."

지적이고 친절하며 유머 있는 잉에르 헬만과의 만남은 내 여행의 축복이다. 마음이 따뜻하게 채워짐을 느낀다. 짧은 만남이라 헤어지기 아쉬웠다. 그녀와 이메일 주소를 교환하고 내년에 다시 만나자고 서슴없이 말했다. 이미 내 마음은 다시 만날 그때로 달려가고 있었다. 이런 멋진 끌림의 대상이 남자라면 난 사랑에 빠질 것 같다. "It's so easy to fall in love, It's so easy to fall in love." 이런 노래가 절로 흥얼거려진다.

🚌 요크모크에서 암마르네스 가는 길

- 요크모크 10/45 출발 → 소르셀레 14/15 도착(소요시간: 3시간 30분)
- 소르셀레 15/10 출발 → 암마르네스 16/55 도착(버스번호 341, 소요시간: 1시간 45분)
- 총 교통비: 316크로나

🚌 암마르네스에서 소르셀레 가는 길

- 버스 시간표: 07/00 | 13/00

🏨 암마르네스 숙소 정보

STF AMMARNÄS VANDRARHEM(450m)

- 방: 15개 | 침대: 58개 | 침대 사용료: 성인 180크로나 | 비회원+100크로나 | 어린이 100크로나
- 카드사용, 개 동반가능, 카페, 레스토랑, 사우나, 낚시장비 대여 · 판매, 세미나실
- 찾아가는 길: 버스에서 내려 왼쪽으로 호텔이 보이는 쪽으로 가면 숙소 표시가 보이는데 호텔가기 전 우회전하는 도로를 따라 올라가면 된다.

* 소르셀레에서 버스를 기다리는 사이 버스 정류장 옆에 대형매장이 있다. 필요한 것들을 사서 암마르네스에 가면 좋을 듯하다. 암마르네스에도 버스에서 내리면 주유소 방면에 슈퍼마켓이 있다.

PART 4

쿵스레덴에
다시
올 수 있을까

Ammarnäs 암마르네스 ▶ ▶
▶ ▶ ▶ Tärnaby 테르나뷔

고독을 즐기는 바람이고 싶다

암마르네스Ammarnäs ◐ 세르베스투간Servestugan

보트가 뒤집어지면 어떡하지

어제 저녁 보트 예약을 해두었다. 보트맨은 선착장에서 11시에 만나기로 했다. 숙소에서부터 선착장까지 거리는 9km로 걸어서 약 세 시간 정도 걸린다. 차량으로 이동할 수도 있지만 걸어서 가고 싶었다. 11시까지 도착하려면 일찍 출발해야겠기에 아침 7시부터 제공되는 아침을 먹으러 숙소 식당으로 갔다. 상냥한 관리인이 맞아주더니 잠시 기다리라고 하며 주방으로 들어갔다.

그녀는 어제 만난 잉에르 헬만이 내게 주라고 늦은 밤에 갖고 왔다며 긴 핸드폰 줄을 내밀었다. 사미색인 4색의 실을 예쁘게 꼬아서 만든 긴 줄 끝에 순록 가죽으로 마무리한, 핸드폰을 끼는 고리를 연결시켜서 만든 긴 목걸이다. 나와 헤어진 후 집으로 가 부지런히 만들어 보내준 것이다. 순록 가죽의 바느질 자국을 보니 그녀의 정성이 보였다. 아! 정말 고맙고 행복하다. 가슴에 충만한 기운이 채워진다. 사미 여인이 준 목걸이를 걸고 길 떠날 채비를 했다. 암마

스토르 슐트레스케트 호숫가에 있는 이정표.

르네스 숙소 관리인이 친절한 보트맨이 기다리고 있을 테니 걱정 말고 떠나라며 손을 흔들어준다.

반듯한 아스팔트 길을 걸으며 암마르네스를 지난다. 오가는 이 없는 넓은 길. 어쩌다 한 채씩 눈에 띄는 자작나무 집들은 고요 속에 잠들고 길가에 줄지어 핀 화려한 꽃들은 산들거리는 바람결에 춤을 춘다. 틱! 탁! 이는 나의 스틱 소리! 그보다 더 다부지게 들려오는 것은 낯선 길을 홀로 걷는 결연한 의지의 내 숨소리다. 아스팔트 길을 걷는 것은 거친 돌길에 경사가 심한 산마루를 오르는 길보다 쉽지만 지루하다. 이 길에 대해서도 잉에르 헬만은 자세히 설명해주었다.

"이 숙소에 오면서 큰 길에서 호텔을 봤지? 그 호텔 쪽으로 가야 해. 그럼 호텔을 왼편으로 두고 걷게 되지. 길은 계속 평탄해. 조금만 더 가면 살짝 언덕을 오르게 되고 왼편으로 통나무집 두 채가 있고 또 한 번 언덕을 오른 뒤에 왼편으로 난 길을 따라가면 선착장이야."

예상 시간보다 일찍 선착장에 도착했다. 보트맨은 아직 도착하지 않았다. 넓은 호수는 아이게르트 산 아래에 있는 것으로 이름은 스토르 슐트레스케트Stor Tjulträsket다. 호수를 끼고 가는 길을 택하지 않으면 아이게르트 산줄기를 따라가야 한다. 지금쯤 루스와 브릿마리가 걸어가고 있을 산이다. 갑자기 날씨가 어두워지고 바람이 세게 불어왔다. 바람이 너무 거세면 배를 탈 수 없을 것이다. 그럼 호숫가를 따라걸어서 세르베스투간으로 갈 수도 있다. 이 코스도 아

보트맨은 약속한 시간에 낡은 자동차를 타고 왔다.
키가 작고 인상 좋은 할아버지다. 혹시 배가 뒤집어지면 어쩌나 살짝
겁이 났지만 구명조끼를 입었으니 호수에 빠져도 죽을 것 같지는 않았다.

이게르트 산등성이를 따라가는 것보다는 쉬울 것 같다. 이정표도 잘 표시돼 있다. 호수에서 세르베스투간까지 14km, 헤마반까지 74km다. 암마르네스에서 이곳까지 9km 정도 걸어왔으니 암마르네스에서 헤마반까지는 83km가 되는 것이다.

보트맨은 약속한 시간에 낡은 자동차를 타고 왔다. 키가 작고 인상 좋은 할아버지다. 작은 오두막 문을 열더니 낚시용 바지를 입고 모터를 꺼냈다. 기존의 모터가 낡아 오늘 새로 교체하는 것이란다. 꽤나 꼼꼼하게 여러 가지를 준비했다. 이 준비 과정을 보니 보트를 타기 전에 드는 불안감이 줄었다. 그의 준비는 안전을 위한 것이었으므로 믿음이 생겼기 때문이다. 마무리로 내게 구명조끼를 꺼내주고 보트맨도 구명조끼를 입었다. 할아버지와 나, 두 사람이 탄 배는 가볍기 때문에 커다란 생수통에 물을 가득 담아 배에 실었다. 바람이 세게 불 때 중심을 잡기 위해서라고 한다. 혹시 배가 뒤집어지면 어쩌나 살짝 겁이 났지만 뭐 구명조끼를 입었으니 호수에 빠져도 죽을 것 같지는 않았다. 배낭이며 카메라 등을 물속에 빠뜨리게 될까봐 살짝 염려되었지만 꼼꼼하게 준비하는 할아버지가 믿음직했기에 두려움은 서서히 사라졌다.

배가 출발했다. 파도가 심하게 일었고 일렁이는 물결은 바람을 타고 할아버지 얼굴에 세차게 뿌려졌다. 할아버지는 많은 경험으로 이미 물세례를 피할 보호 장구를 준비하셨다. 넓은 호수 위로 바람이 어찌나 거세게 부는지 나는 배에 엎드려 있어야 했다. 호수를 벗어나서 호수로 들어오는 강 하구를 타고 올라갈 때는 바람이 사라졌다. 묵묵히 보트를 몰던 할아버지가 천천히 보트를 운전하거나 정지하면서 주위 풍경 이야기를 시작했다.

"저기를 보세요. 저 나무가 쓰러진 것은 비버가 한 짓이에요. 저기 저 물가에 있는 숲에 비버들이 있죠."

줄지어 물속을 헤엄치던 오리 떼가 모터보트 소리에 날아갔다.

"이곳에는 매도 있고 바다독수리도 있지요. 바다독수리는 매우 크답니다. 저기 오른쪽 집이 보이죠. 저 별장은 여름과 겨울에만 잠깐 사용한답니다. 17세기 후반에 지은 것이에요. 호수를 지날 때 바람이 거세 설명을 못했지만 호수의 물이 어찌나 맑은지 깊은 바닥까지 훤하게 보인답니다. 그리고 송어가 아주 많죠."

"저기 오른쪽 높은 산을 보세요. 전 저 산에서 태어났답니다. 어린 시절도 저 산에서 보내고 학교는 엘리바레에서 다녔죠. 공부를 마치고 다시 돌아와 집안 대대로 해온 일인 순록을 키우고 또 이렇게 여행자들을 위해 보트를 운영하며 지내고 있답니다."

보트는 사미 족 전통마을도 지났다. 사람들이 거주하지 않는 관광용으로 만든 거주지인데 관람료가 비싸다고 한다. 호수와 강을 따라 12km 거리를 가는 데 40여 분을 탔다. 더 이상 보트로는 갈 수 없다며 강가에 있는 간이 오두막 앞에 내려주셨다. 보트 탑승요금은 430크로나. 한국 돈으로 하면 약 7만 원이 드는 보트 여행이다. 보트의 기본 탑승 인원은 2인이지만 나 혼자 탔기에 내가 다 지불하는 값이다. 배낭 여행자에게 비싼 요금이지만 멋진 보트 관광이었기에 아깝지는 않았다.

호수로 들어오는 강 하구를 타고 올라갈 때부터 바람이 사라졌다.
묵묵히 보트를 몰던 할아버지가 천천히 보트를 운전하거나 정지하면서
주위 풍경 이야기를 하기 시작했다.

보트에서 내려 왼쪽으로 뻗은 겨울코스의 안내판을 따라간다. 가끔 여름코스의 표시인 오렌지색이 나무에 칠해져 있다. 길은 표시가 잘 되어 있으며 걷기도 무난하다. 4km 정도 가면 오늘의 목적지 세르베스투간 오두막이 나올 것이다. 자작나무와 덤불숲으로 이어지는 적막한 숲속을 혼자 걷는다. 두려움이 어찌 없을까. 그러나 내겐 이 길에 대한 믿음이 있다. 이 길을 잘 따라가면 멀지 않은 곳에 숙소가 있을 것이고 많은 친구들도 있을 것이란 그런 믿음 말이다.

지금쯤 루스와 브릿마리도 아이게르트스투간에서 출발해 세르베스투간으로 오는 중일 것이다. 부디 작년처럼 다쳐서 집으로 돌아가는 일이 없기를 바랐다. 사고의 후유증으로 생긴 트라우마를 극복하지 못한 사람들이 있다. 예를 들어 대형 차 사고를 경험한 사람들 중에 운전을 다시 못하는 사람이 있는데 나도 그중 한 사람이다. 루스는 작년에 친구와 함께 이곳에 왔는데 친구가 심하게 다쳐서 돌아갔음에도 다시 찾아와 길을 걷고 있다. 그녀는 쿵스레덴에 대한 호기심이 많은 것 같다. 루스! 그녀가 궁금하다.

고요한 숲속을 걸을 때

혼자 걷는 길! 이내 두려움을 잊고 깊은 사색에 빠져 귀한 시간을 보낸다. 성가시게 구는 모기 떼도 없다. 세상에서 무서운 것은 사람이다. 사람들이 사는 냉혹한 생존 경쟁의 장으로 이루어진 그런 정글이 어쩜 더 두렵다. 사람들이 만든 정글 속에도 많은 안내 표시와 매뉴얼이 있지만 사람들은 길을 잃기도 하고 때론 난해한 안내 표시에 갈팡질팡하기도 한다. 그 복잡한 정글 속에서 사랑도 하고 이별도 겪었다. 배신과 분노의 울분으로 인해 가슴에 꽂힌 비수를 빼지 못하고 고통스럽게 거리를 떠돌아다녀도 보았다. 그리고 어쩜 나도 모르는 사이에 누군가에게 그런 상처를 주었을지도 모른다. 나는 사람들의 정글이 늘 더 두렵다. 이렇게 홀로 떠돌며 때로는 외로운 여행을 하는 순간이 사람들이 복작거리는 정글에서 탈출해 자유로움을 만끽하는 때다.

이 낯선 숲! 아무도 없는 작은 소로를 따라 걷는 것이 대도시를 걷는 것보다 더 안전하다. 새 소리, 바람 소리, 나뭇가지 흔들리며 부딪히는 소리를 듣고 촉촉한 바람결을 맞으며 깊은 호흡으로 배를 채운다. 그리고 이 숲속을 채우는 바람결에 나의 마음을 토해낸다. 사람들은 나보고 강하다고 한다. 스스로 모든 일을 해나가기 때문이다. 나는 누구에게 의존하여 기대는 스타일은 아니다. 난들 왜 기대고 싶지 않을까. 그러나 여기 기대어 편히 쉬라며 내게 편한 어깨를 내밀어준 사람은 부모님 외에 없었다. 그저 내가 먼저 편한 어깨를 내밀어주었고 내 부지런한 손과 발로 주변을 편하게 하려고 했다.

그런 나를 강하다고 한다면 난 강한 사람이다. 강한 사람은 늘 남들에게 받는 배려에서 멀어진다. "넌 혼자서도 무엇이든 할 수 있으니까"라며 순위에서 밀린다. 왜? 때론 억울하다. 갑자기 울컥 눈물이 치민다. 남을 위해 참고 배려하는 나에게 "넌 강하니까!"라며 더 많은 것을 참게 하고 더 많은 배려를 요구하면 난 슬프다. 나도 힘이 들 때가 있다. 내 정신과 의지가 늘 충만하지는 않다. 내 몸 역

혼자 걷는 길! 이내 두려움을 넘어 잊고 사색에 빠져
귀한 시간을 보낸다. 이렇게 홀로 떠돌며 때로는
외로운 여행을 하는 순간이 사람들이 복작거리는 정글에서
탈출해 자유로움을 만끽하는 때다.

시 힘들고 지친다. 그러나 단지 티를 내지 않을 뿐이다.

나는 혼자 있을 때도 사실 외롭지 않다. 오히려 혼자 있음을 즐긴다. 무엇을 해야 할지 걱정도 없다. 하고 싶은 일이 너무 많기 때문이다. 고독! 삶은 고독한 것! 난 그 고독을 즐긴다. 그 고독함이 이런 낯선 숲을 즐기게 해주며 나의 부족함을 채워준다. 맑고 향기로운 바람 또한 나를 채워준다. 그래서 고독함이 좋다. 난 바람이고 싶다. 맑고 향기롭고 촉촉한 바람이고 싶다. 언덕에 서면 나도 모르게 펼쳐지는 나의 두 팔. 이건 행복하다는 표현이다. 함께 온 친구들은 떠났다. 그러므로 난 홀가분한 자유를 얻었다. 아무도 없는 이 숲을 걸으며 충만함을 느끼는 이유는 무얼까? 고단한 걸음으로 대지의 기운을 받아 길어 올리는 깊은 묵상 때문이 아닐까?

아이게르트스투간에서 세르베스투간에 오려면 작은 강을 건너는 다리를 지나야 한다. 그곳에 이정표가 있다. 젊은 커플이 맞은편에서 온다. 암마르네스에서 출발해 아이게르트스투간에서 자고 다시 내가 온 길로 걸어가 호숫가를 따라걸어서 암마르네스로 갈 것이라고 한다. 그러니까 넓은 호수를 둘러싼 산과 계곡을 한 바퀴 도는 것이다. 그들은 루스와 브릿마리가 잘 걸어가고 있다는 소식을 전해주었다. 오늘의 목적지 세르베스투간 오두막은 자작나무 숲에 자리 잡고 있다. 아직 숙소에 아무도 없다. 보트를 타고 왔으니 이른 시간에 도착한 것이다. 영어가 서툴다는 이곳 관리인은 나이가 꽤 많은 여자분이었는데 친절했다. 어젯밤에 이곳에 몇 명이 머물렀는지를 물으니 열한 명이었는데 한 명은 이곳에서 사흘째 주변을 산책하며 지낸다고 한다. 지금도 산책을 나갔는데 오후에 돌아올 것이란다.

걸을 때는 약간 쌀쌀한 게 좋았는데 몸에 슬슬 한기가 들었다. 추운 탓인지 모기도 없다. 관리인은 이곳에도 더울 때는 모기가 검은 구름처럼 몰려다니는데 한 3일 추운 날씨가 지속되어 모기가 없다고 했다. 늦은 점심으로 빵과 함께 미역국을 먹었는데도 몸이 따듯해지지 않았다. 뜨겁게 커피를 마시며 몸을 덥혀도 온몸이 차갑도록 추웠다. 춥다며 방으로 들어가 침낭 속에 누웠더니 관리인이 걱정하며 방 안의 난로에 불을 지폈다. 그녀는 익숙하게 자작나무에 불을 붙였다. 난로 안에 타오르는 불빛만 봐도 따뜻함이 느껴진다. 눈으로 느끼는 따뜻함. 코로 느끼는 향기. 그리고 번져오는 따뜻한 열기. 사그라져가는 나의 기운. 이렇게 난 멋진 우화를 꿈꾸는 고치 속의 작은 번데기가 되어갔다.

한참 동안 죽은 듯이 잠을 잔 것 같다. 번데기 모드에서 깨어나니 한결 몸이 가볍고 상쾌하다. 내 어찌 우화등선羽化登仙을 꿈꿀까마는 이 정도면 화려한 부활이리라. 부엌의 탁자에는 그사이에 도착한 이들이 여럿 앉아 있었다. 아이게르트스투간에서 하루 자고 온 가족 다섯 명, 헤마반에서 출발한 커플들이 네 명이다. 아직 루스와 브릿마리는 도착하지 않았다.

이곳에서 3일째 묵고 있다는 여인도 돌아왔다. 그녀는 내일 내가 온 코스로 걸어가 보트를 타고 암마르네스로 갈 것이라며 모터보트에 대한 정보를 물었다. 암마르네스에서 걸어서 선착장으로 왔고 탑승 인원이 최소 2인이어야 운행하기 때문에 만일 혼자서 탄다면

암마르네스 선착장까지 가는 여행자 아주머니(왼쪽)와
그를 데려다주기 위해 나선 세르베스투간 관리인.

한참 동안 죽은 듯이 잠을 자다 깼다. 숙소 부엌 탁자에 그사이에
도착한 이들이 여럿 앉아 있었다. 여행자들은 거의 모두 잠들기 전까지
부엌에 모여서 지낸다. 책을 읽거나 장기나 카드놀이를 하고
또 맘에 맞는 사람들끼리 이야기를 나눈다.

2인 요금을 내야 한다고 하니 보트 탑승 요금에 선착장에서 암마르네스 숙소까지 오가는 승용차 요금도 포함되었을 것인데 왜 걸어왔냐며 큰 소리로 나무라듯이 말했다. 마치 내가 부당한 대우를 받은 것이 답답한 듯 열을 올리면서 말이다. 다혈질 아주머니다. 그녀 역시 보트를 타려면 예약을 해야 한다. 관리인이 전화로 예약을 하며 알아본 결과 보트 탑승 요금과 선착장에서 암마르네스 숙소까지 가는 교통비는 따로 받는다고 하니 좀 전에 올렸던 열을 내리고 "흠흠. 당신 말이 맞네"라고 말했다.

루스와 브릿마리가 아이게르트스투간에서 출발한 지 열 시간 만에 세르베스투간 숙소에 도착했다. 이들은 도착하자 바로 가스 불에 물을 덥혀 수건을 적셔 몸을 닦았다. 꽤나 땀을 흘렸나보다. 여행자들은 거의 모두 잠들기 전까지 부엌에 모여서 지낸다. 책을 읽거나 장기나 카드놀이를 하고 또 맘에 맞는 사람들끼리 이야기를 나눈다. 물론 식사를 만들어 먹거나 차를 끓여 마시기도 한다.

루스는 사고 없이 이곳에 왔으니 이번 여행은 끝까지 안전하게 갈 것 같다며 유쾌하게 웃었다. 루스와 브릿마리는 서두르는 일 없이 오두막에서 생활하는 모습이 아주 자연스럽다. 한 가족은 우메오Umeå에서 왔다고 한다. 듬직한 두 아들과 금발의 예쁜 딸, 말이 거의 없는 남편, 여기저기 다니며 참견하고 대화를 즐기는 아내가 한 가족이다. 부인의 이름은 마리아다. 그녀에게는 특히 내가 호기심의 대상이다. 어디서 왔는지, 쿵스레덴은 어디서부터 걷기 시작했는지, 뭘 봤는지 등 알고 싶은 것이 많다. 낯선 곳에서는 이런 사람이 있어야 활력이 넘친다. 좀 주책처럼 보일지라도 꼬옥! 필요한 인물이다. 비가 살짝살짝 흩뿌렸다. 더욱 싱그러워진 자작나무 숲. 이곳의 화장실 변기 뚜껑은 순록의 뿔로 만들었다. 구부러진 곡선을 살려 손잡이를 만들었는데 그게 예술이다. 백야! 오늘도 적막 속에 숲은 잠들지 않는다.

ⓘ **구간 안내**
- 암마르네스Ammarnäs → 세르베스투간Servestugan
- 암마르네스 숙소―보트 선착장(9km, 아스팔트 길)―세르베스투간 (14km)
- 보트 예약은 암마르네스 숙소에서 한다.
- 보트 탑승시간: 40분 | 탑승거리: 12km | 요금: 1인당 215크로나 | 2인 이상 출발

🏛 **숙소 정보**
Aigertstugan Huts(750m)
- 오두막: 3개 | 침대: 30개 | 카드사용, 사우나, 개 동반가능, 가게 있음
- 오두막 이용료(3/4~5/1, 6/23~7/15, 8/29~9/18): 290크로나 | 비회원+100크로나 (7/16~8/28): 320크로나 | 비회원+100크로나

Servestugan Huts(고지 700m)
- 오두막: 2개 | 침대: 30개 | 카드사용, 아주 작은 가게, 개 동반가능
- 오두막 이용료(3/4~5/1, 6/23~7/15, 8/29~9/18): 260크로나 | 비회원+100크로나 (7/16~8/28): 290크로나 | 비회원+100크로나

고단함 속에 채워지는 풍족한 기쁨

세르베스투간Servestugan ⬦ 테르나셰스투간Tärnasjöstugan

쿵스레덴에서 이름값을 하다

오늘 이 세르베스투간에서 가장 먼저 출발하는 이들은 다혈질 아주머니와 관리인이다. 관리인은 다혈질 아주머니의 요청으로 암마르네스로 가는 선착장까지 데려다주러 가는 것이다. 걸스카웃 같은 복장의 관리인은 가벼운 배낭에 새들을 관찰할 것이라며 쌍안경까지 목에 걸었다. 가벼운 산책이 될 것이라며 떠나는 관리인을 배웅하고 우리도 출발했다. 마리아 가족이 앞장섰다. 스톡홀름에서 온 가족들도 떠나고 나는 그 뒤에 출발했다. 루스와 브릿마리는 내 뒤로 천천히 출발할 것이라고 했다. 세르베스투간의 숙소에서 나와 이어지는 길은 혼동되지 않도록 표시가 잘 되어 있다.

오늘 목적지까지의 거리는 14km로 지도에서 보면 약간의 오르막과 내리막이 있으나 힘이 들 만한 경사가 있는 것은 아니다. 세르베스투간을 출발해 약 7km 정도 오니 넓은 호수가 나온다. 그 호수의 이름은 세르베 호수Servejarvi다. 엘크 호수라고도 한단다. 호수

안에는 작은 섬들이 흩어져 있고 주변에 피난용 오두막과 사미 족의 오두막이 두 채 있다. 이 호숫가로 스키와 스노모빌을 타고 가는 겨울코스가 이어진다. 여름코스는 다리를 건너 호수를 왼편으로 멀리 두고 직진한다. 대부분 겨울코스는 여름에는 덤불숲이다. 여름코스는 사람들의 발길로 잘 다져져 혼동되지 않으며 물론 표시도 잘 되어 있다. 저 멀리 스칸디나비아 대산맥을 따라 이어지는 고봉준령들이 눈에 덮여 장관을 이룬다. 날씨는 쾌청하고 바람도 좋다. 9만 6,000개의 호수가 있는 나라답게 작은 호수를 여러 곳 지난다. 나보다 먼저 떠난 마리아 가족이 호숫가에서 점심을 즐기고 있었다. 함께 점심을 먹으며 휴식을 취했다. 그의 작은 아들과 딸은 낚시를 하고 큰아들은 아버지와 함께 누워서 마른 순록 고기를 먹으며 한담을 즐기고 있다.

마리아 브레딘! 그녀는 남편과 아들 둘, 딸 하나를 데리고 쿵스레덴을 걷고 있다. 스톡홀름에서 북으로 발트 해를 따라 쭉 올라가면 우메오란 도시가 있다. 우메오는 발트 해의 보트니아 만을 두고 핀란드의 바사와 마주 보고 있는 도시다. 그녀들은 우메오에서 버스로 출발하여 암마르네스에 도착한 뒤 걸어서 아이게르트스투간을 지나 세르베스투간으로 왔다. 그녀는 참으로 활달하다. 물집이 생겨 뒤뚱거리며 걷지만 유쾌한 웃음소리가 계곡에 울려 퍼질 정도다. 그녀의 큰아들은 토르Thor다. 대학 4년이라고 한다. 토르는 북유럽 신화 속에서 번개와 천둥의 신이다. 그리스 신화의 제우스와 같다. 토르와 같은 강한 힘을 가지고 살아가길 바라는 마음에서 이름을 지었다고 하는데 정작 큰아들 토르는 이름과 달리 소극적이고 나약한 모습이다. 둘째 아들은 베어[Bear]다. 우리나라로 치면 고등학교 3학년이다. 깊은 산의 정기를 품고 사는 곰이 좋아서 붙인 이름이라고 한다. 베어의 듬직한 체구는 그의 이름과 잘 어울린다. 우직한 곰의 모습과 달리 친절하고 상냥한 미소를 짓는 베어 같은 아들이 있었으면 좋겠다는 부러운 마음도 들었다. 막내딸 프레야[Freyja]! 금발의 아름다운 소녀로 중학생이다. 프레야는 북유럽 신화에서 최고의 신인 오딘의 아내의 이름이란다. 아름다우며 사랑받는 고귀한 여자처럼 살아주었으면 해서 지은 이름이란다.

아이들의 이름에 대한 자세한 설명을 마친 그녀는 자신이 태어났을 때 많은 이들의 이름이 마리아였다고 한다. 그녀는 어린 시절 학교에서 혹은 교회에서 그 많은 마리아 가운데 한 사람이어야 했는데 누구네 집 마리아, 어떻게 생긴 마리아로 불리는 게 싫었다고 한다. 그래서 자신의 아이를 낳아 이름을 지을 때 고민을 좀 했다고 한다. 어느 시기에 유행하는 이름이 있는 것은 어느 나라나 마찬가지다. 유럽에서는 한때 마리아와 마리아에서 약간 변형된 이름들이 넘치도록 많았다.

지금 우리 일행의 이름을 보면, 스톡홀름에서 가족 세 명과 함께 온 마리아[Maria] 58세, 예테보리에서 온 마리에[Marie] 61세, 우메오에서 온 마리아[Maria] 48세다. 우리나라도 한때는 순자, 영자, 정숙, 미숙, 정란, 미란, 순영, 선영이라는 이름이 많았다. 우리 언니 친구들의 이름은 이랬다. 아름다울 미자[美子], 맑을 숙자[淑子], 착할 선자[善子],

여름코스는 사람들의 발길로 잘 다져져 혼동되지 않으며
물론 표시도 잘 되어 있다. 저 멀리 스칸디나비아 대산맥을 따라
이어지는 고봉준령들이 눈에 덮여 장관을 이룬다.
날씨는 쾌청하고 바람도 좋다. 9만 6,000개의 호수가 있는
나라답게 작은 호수를 여러 곳 지난다.

곧을 정자貞子, 순할 순자順子. 그리고 이름의 끝에 아들 자, 자식 자의 자子를 붙인 이름은 어찌나 많은지. 지나가는 여인들 뒤에서 자야! 하고 부르면 십중팔구 뒤돌아보는 여인들이 많던 시절이 있었다. 다음에는 끝자리가 '영'으로 순영, 미영, 선영, 또 한때는 민서, 준서, 또 한글 이름으로 가람, 미리내라는 이름을 많이 볼 수 있었다. 난 내 이름 효선이가 싫었다. 명수가 많은 명단 중에 같은 이름이 거의 없을 만큼 드문 이름이었다. 우선 딱 부러지는 발음이 싫었다. 부드러운 미라, 혜련, 선영. 뭐 이런 부드러운 발음이 나는 이름이었으면 좋을 텐데.

아름다울 미, 맑을 숙과 같은 여성스런 모습을 담은 이름이 많았던 시절에 부모님께서는 우리 여자 형제들의 이름을 모두 베풀 '선'을 끝자로 하여 아름다움을 베풀어라, 즐거움을 베풀라는 뜻이 담긴 이름으로 지어주셨다. 나의 이름은 효도할 '효'에 베풀 '선'이다. 너는 부모를 위해 효를 다하여라, 뭐 이런 뜻으로 지으신 거다. 어느 분이 내게 말씀해주셨다. 아버님이 자신이 효도를 받으려기보다 효성스럽게 남에게 베풀어라는 뜻에서 이름을 지으셨을 것이라고. 부끄러운 지적이었다. 그렇게 깊은 뜻이 있음을 알지 못하고 투덜거렸던 지난 행동이 죄송스러웠다. 난 내 이름값을 부모님에게 하지 못했다. 생각하면 부끄럽고 마음 아프다. 조금만 일찍 철들었다면 돌아가시기 전에 마음이라도 표현했을 텐데…….

내가 누군가? 한번도 치료에 실패한 적 없으며 상처가 아물 때까지 함께 다니며 끝까지 치료하는 경험 많은 물집 전문 의사다. 그래서 늘 물집치료를 위한 약과 도구를 넉넉하게 준비해서 갖고 다니며 아낌없이 바르고 치료해준다. 오늘 간만에 나의 특별치료가 있었다. 마리아의 두 발을 조심스럽게 만지며 물집을 살펴 약을 발라준 것이다. 뻥! 튀겨서 표현하면 예수께서 제자들의 발을 씻겨주실 때의 뜻이 조금은 담긴 그런 정성과 선한 마음으로 베푸는 나의 친절은 길 위에서 만나는 도보여행자들과 벽을 허물며 친해지는 계기가 된다. 내 친절이 지나친 것인가? 절대 그렇지 않다. 아하! 효성스런 마음으로 베풀어라! 이름값을 하는 것이다.

마리아 가족과 함께 긴 휴식을 취하는데 반대편에서 한 여인이 걸어온다. 사교적인 마리아가 그녀의 걸음을 멈춰 세운다. 그녀는 방금 테르나셰스투간에서 두 달 동안 오두막 관리인으로 지내고 세르베스투간을 지나 암마르네스를 통해 집으로 돌아가는 길이라고 한다. 그래서 테르나셰스투간에는 오늘부터 신참 관리인이 근무를 할 것이라고 했다. 그녀는 빨리 집으로 돌아가고 싶은지 마리아가 계속 꺼내는 대화를 짧게 끊고 부지런히 길을 떠났다. 낚시를 하던 베어와 프레야는 물고기를 한 마리도 잡지 못했다. 호수의 물고기는 약을 올리는 듯 반짝이며 수면 위로 뛰어올랐다 사라지기를 반복했다. 마리아의 아이들은 빠른 걸음으로 앞서 가 또 다른 호수에서 낚시를 했다. 프레야는 수영을 한다. 드디어 베어가 송어를 한 마리 잡았는데 제법 크다.

브릿마리와 루스는 나보다 숙소에서 늦게 출발하기도 했지만 길에서도 자주 쉬면서 걷는다. 같이 걷고 싶어 기다리며 뒤돌아보아

나보다 먼저 떠난 마리아 가족이 호숫가에서
점심을 즐기고 있었다. 나도 함께 먹으며 휴식을 취했다.
마리아 가족과 마른 순록 고기를 먹으며 한담을 즐겼다.

도 그녀들의 모습은 보이지 않았다. 반대편에서 오는 젊은 여인을 만났다. 날씨가 좋아서 시야가 먼 곳까지 펼쳐지는 것이 좋다며 활짝 웃더니 아름다운 코스를 걷고 있는 것이라며 엄지손가락을 치켜세우고 떠났다. 스톡홀름에서 게임중독에 빠진 아들과 함께 온 또 다른 마리아 가족이 눈에 띄었다. 아들은 커다란 덩치에 한 뼘도 안 되는 전자게임기에 빨려 들어갈 듯이 집중해 있다. 전기와 통신이 안 되는 이곳에서도 아들은 작은 게임기에서 손을 놓지 않았다.

내가 택하는 휴식 장소는 배낭을 벗어놓기 좋고 걸터앉기 좋은 곳이다. 마침 좋은 장소를 만나 배낭을 벗어놓다가 바위 위에서 지도 한 장을 주웠다. 잠시 휴식을 취하고 일어서며 지도를 들고 떠났다. 가면서 생각이 복잡해졌다. 누가 놓고 갔을까? 앞서 간 마리아의 아이들일까? 아님 우리와 방향이 다른 두 여인이 지나갔는데 그들 중 누구일까? 괜히 집어 들고 온 것은 아닐까? 악츠에서 만난 할아버지는 잃어버린 모자를 찾으러 되돌아 걸어가서 끝내 찾아 돌아오셨는데 다시 지도를 찾으러 온다면 어쩌지. 불편한 마음에 자꾸 지도가 무거워져갔다. 오늘 나보다 앞서 간 사람은 마리아의 아이들과 남편이다. 마리아는 나보다 뒤에서 걸어오고 있다. 일본 여행을 하며 길에다 무엇을 흘리고 가면 그 자리에 잘 보관해두는 것을 보았다. 장갑 한 짝, 모자 등 그저 소소한 소지품들이지만 누군가에겐 소중하고 요긴한 것이다.

때마침 맞은편에서 한 커플이 오는 것이 보였다. 놀랍고 반가운 미소를 지으며 "중국에서 왔어요?"라고 묻는다. 이런 경우는 처음이다. 늘 "일본에서 왔어요?"가 먼저였다. 다음에 등장하는 나라가 한국이었는데 유럽에 얼마나 많은 중국인들이 여행을 다니는지 알 수 있는 말이다. 이젠 이 산골짜기에서조차 처음으로 듣는 말이 중국에서 왔냐는 질문이 될 정도다.

"내가 이 지도를 주웠는데 당신이 가면서 마주치는 사람에게 지도를 보여주세요. 물집으로 뒤뚱거리며 걷는 아줌마인데 그녀의 아이들이 잃어버렸을지도 모르니까요. 그녀의 것이 아니면 세르베스투간의 숙소에 도착해 지도를 보여주세요. 분명히 그곳에 있는 여자분 중에 이 지도 주인이 있을 거예요."

그리고 지도를 주었다. 그렇게 지도를 보내고 홀가분한 마음으로 길을 걸었다. 끊임없이 이어지는 키 작은 덤불숲이 자작나무 숲으로 이어지더니 그 끝에 오두막이 갑자기 나타났다. 기대감을 가질 새도 없이 싱겁게 말이다.

벌거벗고 호수에서 수영하기

오늘 오두막 관리인은 나이 든 아주머니다. 그녀는 오늘이 첫 근무날이기에 신선한 의욕에 차 분주하다. 내가 오두막 안으로 들어서자 두 팔을 벌려 "테르나셰스투간에 오신 것을 환영합니다"라고 말하며 따뜻한 미소를 지어 보였다. 이렇게 환영받기는 처음 있는 일이다. 부엌과 방들이 깨끗하게 정돈되어 있고 싱싱한 들꽃으로 탁자도 장식해놓았다. 방금 창문을 열어 환기까지 시켰는지 실내의 공기도 신선했다. 그녀의 따뜻한 마음과 신선한 열정이 동시에

테르나셰스투간 오두막 관리인은 나이 든 아주머니다.
그녀는 오늘이 첫 근무날이기에 신선한 의욕에 차 분주하다.
오두막은 부엌과 방들이 깨끗하게 정돈되어 있고
싱싱한 들꽃으로 탁자도 장식해놓았다.

느껴진다.

"사우나를 정돈하는 중인데 6시에 사우나를 할 수 있도록 준비할 겁니다. 먼저 여성분들이 사용하시고 다음에 남성분들이 그리고 남녀 같이 사용할 수 있는 시간으로 배정했어요."

무엇이든 자신의 일에 충실하려는 모습이 듬직해 보인다. 그리 예쁘지 않은 얼굴의 그녀가 난 지금 매우 아름답게 보였다. 먼저 온 마리아의 아이들은 밖에서 놀고 남편은 책을 보며 쉰다. 이곳에서 하루를 더 머무는 두 여인을 만났다. 독일에서 왔다고 한다. 이곳 스웨덴 여인들보다 더 차가운 모습이다. 부엌의 한 탁자에서 책을 보다가 살짝 미소를 지어 보이고는 무슨 고시 공부하듯 책에서 시선을 떼지 않았다. 내 뒤를 이어 마리아가 들어서며 그 조용한 분위기를 깬다.

"와! 먼저 오셨네요. 반대편 쉬테르스투간에서 오셨나보군요. 우린 세르베스투간에서 왔는데 아주 멋진 길이었어요. 오신 길은 어땠어요?"

이렇게 나오면 답을 해야 하니 그녀들이 얼굴을 든다.

"우리도 세르베스투간에서 왔어요. 어. 흠. 우리는 이곳에서 하루 더 머물고 있어요."

"어디서 오셨어요? 스웨덴 사람은 아니시군요."

"아. 저, 독일에서 왔어요. 제가 영어를 그렇게 잘하지 못해요."

마리아는 이내 유창하게 독일어로 그녀들에게 말을 걸었다. 이쯤에서 두 독일 여인은 책을 덮고 마리아와 얼굴을 보며 이야기를 하

호숫가에서 즐겁게 대화를 나누고 있는 루스, 마리아, 브릿마리.
쾌활하고 상냥한 마리아와 재밌는 여인 루스, 브릿마리와 얘기를 나누다보면
시간 가는 줄 모를 정도로 즐겁다.

부엌에서 한창 즐겁게 얘기를 나누는데 헬리콥터 소리가 마당에서 났다.
모두 밖으로 나가 쳐다보는데 헬기에서 한 남자가 내려 배낭을 받아 옮겼다.
이어서 커다란 개 한 마리가 툭! 뛰어내렸다. 이들은 휴가를 보내기 위해
헤마반에서 헬기를 타고 테르나셰스투간에 왔다.

게 되었다. 새들과 야생화에 대해서 다양한 주제로 마리아는 이야기를 푼다. 루스와 브릿마리까지 도착해 부엌에서 아주머니 여섯의 수다가 무르익게 되었다. 우리는 영어로 의사소통을 한다. 가끔 마리아가 독어로 통역도 해가며 말이다. 사우나에 불을 지피고 온 관리인도 동참해 길에서 본 사소한 즐거움을 나누며 깔깔댔다.

그때 헬리콥터 소리가 마당에서 났다. 헬기 한 대가 내려앉는 중이다. 모두 밖으로 나가 궁금해하며 쳐다보는데 헬기에서 한 남자가 내려 배낭을 받아 옮긴다. 이어서 커다란 개 한 마리가 툭! 뛰어내렸다. 한 여자가 내렸다. 독일 여인이 "와 영화나 텔레비전을 보는 것 같네"라고 말하는 가운데 모두 흥미롭게 이를 지켜보고 있었다. 헬기는 이들을 내려놓고 금방 이륙했다. 개를 끌고 오두막으로 걸어오는 그들에게 내가 물었다.

"어디서 왔어요?"

"스톡홀름에서요."

"거기서부터 헬기를 탔어요?"

"아니, 헤마반에서요."

"궁금해요. 헬기를 타는 데 얼마나 들었어요?"

"800크로나예요. 괜찮은 가격이죠."

"감사합니다."

이들은 텐트를 갖고 왔고 이곳에서 멀지 않은 호수로 가서 낚시를 즐기며 휴가를 보낼 계획이라고 한다. 헬기를 타고 와 한바탕 즐거운 소동을 일으킨 뒤 그들은 자작나무 숲으로 사라졌다.

사우나에 있다가 몸이 뜨거워지면 모두 호수로 나가
벌거벗고 수영을 했다. 서울에서는 거의 매일 수영을 한 뒤
사우나를 하고 찬물에 들어가기를 즐긴다. 그러나 장대한 산맥으로
둘러싸인 이 넓은 호수에 뜨거운 몸으로 뛰어드는 즐거움을
어디 그 작은 욕조통과 비교할 수 있을까.

마리아의 아들 베어와 남편이 왕복 5km 거리에 있는 호수로 낚시를 하러 떠났다. 소나기가 한 차례 내렸는데 비를 흠뻑 맞고 돌아온 베어는 기쁨으로 충만한 모습이었다. 걸어오는 베어의 등 뒤로 쌍무지개가 떠 있었다. 그러나 베어와 아버지의 손에는 물고기가 한 마리도 없었다. 그들 부자는 물고기보다 더 큰 행복을 낚은 것이 아닐까.

오두막 관리인이 여성전용 사우나 시간이 되었음을 알려주었다. 사우나 오두막은 테르나셰스투간 호숫가에 있다. 굴뚝에서 솟아오르는 연기가 정겹다. 사우나 입구에는 옆구리에서 물이 나오도록 수도꼭지를 만들어놓은 양동이와 그것을 높이 매단 기둥이 있었다. 호수에서 물을 길어와 그곳에 채우면 수도꼭지를 틀어 찬물을 쓸 수 있다. 마리아의 딸까지 모두 일곱 명이 수건 한 장씩을 들고 사우나에 모였다. 모두 벌거벗었지만 프레야만 수영복을 입었다. 마리아의 수다로 사우나에는 끊임없이 웃음꽃이 피었다. 길에서 본 쥐, 레밍이 즐거운 이야기 소재다. 루스도 대단히 재밌는 여인이라 대화의 소재가 풍부하다.

이내 몸이 뜨거워졌는데 양동이의 물을 뒤집어쓰는 것이 아니라 모두 호수로 나가 벌거벗고 수영을 했다. 난생 처음 벌거벗고 호수에서 수영을 한 것이다. 서울에서도 거의 매일 수영을 한 뒤 사우나를 하고 찬물에 들어가기를 즐긴다. 그러나 장대한 산맥으로 둘러싸인 이 넓은 호수에 뜨거운 몸으로 뛰어드는 즐거움을 어디 그 작은 욕조통과 비교할 수 있을까. 거만하고 차가운 인상의 독일 여인들과의 수다도 점점 즐거워진다. 잘 표현 안 되는 것은 독일어가 능통한 마리아와 루스가 있어 거들어주기 때문이다. 귀족 부인처럼 행세할 것 같은 독일 여인들이 자작나무 장작을 더 갖고 와 불길을 높이고 스스럼없이 호수로 나가 물을 길어다 모두가 쓸 수 있도록 배려해주었다.

그렇다. 도보여행을 하는 이들은 바로 이런 모습으로 어울리기를 즐기기 때문에 쉽게 친구가 되고 편견의 장벽을 허물 수 있는 것이다. 호텔에서 근사하게 옷을 입고 세련되게 장식된 로비에 앉아 커피를 홀짝이며 잡지를 뒤적이는 여행에서는 처음 만나는 사람에게 접근하기도 어렵다. 여행은 그저 따라가는 것이 아니라 스스로 만들어 즐거움을 찾아가는 거다. 사우나에서 즐겁게 얘기하다 호수로 첨벙 뛰어들며 냉온탕을 들락날락거리느라 그만 여성전용 시간을 훌쩍 넘겼다. 아! 늘 기대되는 하루하루! 그리고 고단함 속에 풍족한 기쁨으로 채워지는 하루하루! 이 쿵스레덴은 이렇게 길을 즐길 줄 아는 여왕들의 길인가보다.

ⓘ 구간 안내
- 세르베스투간Servestugan → 테르나셰스투간Tärnasjöstugan
- 거리: 14km | 소요시간: 5~7시간 | 코스 난이도: 중

🏠 숙소 정보
Tärnasjöstugan Huts(610m)
- 오두막: 2개 | 침대: 26개 | 카드사용, 사우나, 가게, 개 동반가능
- 오두막 사용료(3/4~5/1, 6/23~7/15, 8/29~918): 290크로나 | 비회원 +100크로나 (7/16~8/28): 320크로나 | 비회원+100크로나

* 테르나셰스투간에서 쉬테르스투간으로 가는 길에 다도해를 지나갈 때 보트를 타고 갈 수도 있다.
  관리인에게 보트 예약을 해야 한다. 보트에서 내려서 쉬테르스투간까지 는 약 4km다.

조용하고 창백한 하늘에 뜬 은빛 보름달

테르나셰스투간Tärnasjöstugan ⬡ 쉬테르스투간Syterstugan

산악 가이드가 꿈이었던 마리아

새벽에 화장실을 가다 깜짝 놀랐다. 커다란 시베리안 허스키를 끌고 노부부가 자작나무 숲에서 나왔기 때문이다. 인근에서 텐트 치고 하룻밤을 보냈는데 오늘 목적지가 쉬테르스투간보다 멀리 떨어진 곳이라 일찍 출발하는 것이라 했다. 개도 양쪽으로 배낭을 걸쳤다. 배낭에 자신의 음식을 짊어지고 다니는 것이란다. 무섭게 생겼지만 의외로 순하게 사람들 곁으로 다가왔다. 이 부부는 걸어서 테르나셰스투간 호수를 건널 것이라며 떠났다.

아침 10시 독일 여인들을 데리러 보트 아저씨가 오두막으로 왔다. 두 사람이 보트를 타고 먼저 출발했다. 나는 마리아 가족과 함께 떠나기로 했다. 브릿마리와 루스는 이곳에서 하루 더 쉬고 가고 나는 마리아 가족과 쉬테르스투간으로 먼저 간다. 그곳의 숙소가 멋진 장소에 있다는 말을 들어서 그곳에서 하루 더 쉴 것이다. 그럼 루스 일행과 다시 만날 수 있다.

새벽에 화장실을 가다 깜짝 놀랐다. 커다란 시베리안 허스키를 끌고
노부부가 자작나무 숲에서 나왔기 때문이다. 개도 양쪽으로 배낭을 걸쳤다.
배낭에 자신의 음식을 짊어지고 다니는 것이란다.

루스는 꾸밈없이 친절하고 따뜻하며 부지런했다. 오두막에 남아 있는 우리들은 나무 창고에서 자작나무 기둥을 꺼내 장작으로 작게 패서 사우나 오두막에 옮기는 일을 하며 시간을 보냈다. 루스는 장작도 잘 팼다. 톱과 도끼도 잘 사용하는데 작은 오두막을 갖고 있어서 사우나를 하거나 난방을 위해 장작을 자주 팼기 때문이라고 한다. 브릿마리는 혼자 있으면 새침해 보여서 절대 다른 사람과 얘기도 안 할 것 같다. 그러나 처음에 말을 건네기가 어렵지 잘 어울려 주는 사람이다. 여럿이 힘을 합쳐 사우나 오두막으로 알맞게 자른 자작나무 장작을 옮겼다. 마리아가 내게 보여주고 싶은 야생화가 있다고 해서 오두막 주변을 돌아다니며 야생 베리와 들꽃을 찾아다니며 시간을 보냈다.

이제 마리아와 프레야 그리고 내가 보트를 타고 그의 남편과 아들들보다 먼저 출발한다. 그들은 남아서 낚시를 즐기다 올 것이다. 물론 커다란 송어를 잡으면 좋겠지만 고기를 잡지 않아도 그들은 즐겁다. 가족과 함께 시간을 보낸다는 것을 감사하게 생각하는 사람들이니까 말이다. 테르나셰스투간 호수는 전체 길이가 20km로 매우 크고 길다. 큰 호수 아래에는 다도해처럼 수많은 섬들이 흩어져 있다. 지금 같은 여름에 이 다도해 지역은 장화를 추천할 만큼 늪지가 많아서 늪지에 서식하는 모기가 구름 떼처럼 몰려다닌다. 이곳 다도해는 빙하시대의 퇴적토가 5~15m 정도의 높이로 쌓여서 생긴 마치 낙타 등 같은 섬들이 많다. 점점이 떨어진 섬들은 현수교로 이어져 있어 걸어서 갈 수 있고 늪지에는 널빤지를 놓아 편

테르나셰스투간 호수는 전체 길이가 20km로 매우 크고 길다.
큰 호수 아래에는 다도해처럼 수많은 섬들이 흩어져 있다.
이곳 다도해에는 빙하시대의 퇴적토가 5~15m 정도의
높이로 쌓여서 생긴 마치 낙타 등 같은 섬들이 많다.

하게 걸을 수 있다.

우리는 보트를 타고 호수를 따라 내려가며 현수교를 다섯 개 통과한 뒤 여섯 번째 다리 아래에 있는 작은 선착장에 내렸다. 보트를 타고 약 10km 정도 왔는데 이곳에서 다음 숙소까지는 4km다. 보트를 타고 가는 상쾌함을 늪지대를 건너며 달려드는 모기 떼를 휘이휘이 손으로 쫓으며 걷는 것과 어찌 비교하리. 보트맨은 할아버지였는데 우리가 지나는 길에 국왕의 별장이 있으니 한번 살펴보라고 했다. 프레야는 그 별장을 찾아보겠다고 큰 바위 위로 올라갔지만 국왕의 별장을 그렇게 만만하게 눈에 띄도록 지었을까. 결국 우린 국왕의 별장을 볼 수가 없었다.

마리아와 함께 걷는 길. 그녀는 쉴 새 없이 말을 했다. 귀를 쉬게 해주고 싶을 정도로. 그러나 내겐 모두 유익한 이야기다. 마리아는 산을 안내하는 가이드를 하고 싶어서 21세 때부터 야생화와 야생동물의 생태, 한겨울 눈 쌓인 산에서 살아가는 방법 등 많은 것을 배웠지만 산악 가이드를 하기엔 너무 느린 걸음 때문에 포기했다고 한다. 내가 순록을 아직 보지 못했다고 하니 순록은 예민해서 바람에 묻어오는 사람 냄새를 맡고 미리 피하기 때문에 볼 수 없었던 것이라고 했다. 만일 바람이 순록이 있는 반대 방향에서 불어왔다면 마주칠 수도 있었을 것이라고 말이다.

오늘은 순록을 보기가 힘들겠지만 아마도 내일쯤은 순록을 만날 수도 있을 것이라고 한다. 마리아는 어느 곳에서 순록들이 머무는지 예상할 수 있다고 했다. 세르베스투간에서 테르나셰스투간에 오는 길에도 순록이 있었다고 한다. 자신은 대장 순록의 방울 소리를 들었는데 그들이 미리 방향을 틀어서 내가 보지 못한 것이라고 했다. 나도 그 지역을 걸으며 방울 소리를 들었다. 그러나 그 방울 소리가 순록 대장의 목걸이인 줄은 몰랐다.

자작나무 널빤지 위에 아무런 상처도 없이 벌러덩 뒤집어진 채로 죽은 레밍이 있었다.

"에구. 새가 물어가다 놓쳤나보네."

"글쎄. 레밍의 수명은 1년 정도야. 저 레밍은 길을 가다 그냥 살 만큼 살았기 때문에, 에구 이제 내가 갈 때가 됐구나 하고 죽은 게 아닐까."

아는 것도 많은 마리아, 끊임없이 내게 이야기를 한다.

"난 말이야, 독일어도 잘하지만 스톡홀름에서 대학을 다녔을 때 이탈리아어를 전공해서 이탈리아어를 더 잘해."

모든 일에 자신감이 넘치고 자랑스럽게 말하는 그녀가 부러웠다. 그녀는 초등학교 교사였고 방과 후 수업까지 맡아 일하느라 너무 지쳐 3년 전에 우울증으로 고생했다. 그래서 일을 줄이고 지금은 방과 후 학교만 맡아서 아이들을 가르치고 있단다. 우울증으로 고생할 때 남편과 아이들의 도움이 컸고 그때 가족 모두 이 쿵스레덴을 걸었다고 한다. 우울증으로 고생할 때 고급 스파 마사지 티켓을 선물하며 신경 써준 남편이 고마웠다고 한다. 마리아의 남편은 말이 없는 사람이다. 잘 웃지도 않는다. 그러나 묵묵히 가족을 챙긴다. 오두막에 도착하면 가족을 위해 음식을 준비하고 물을 길어다

산악 가이드가 꿈이었지만 걸음이 느려 포기할 수밖에 없었던
마리아와 그녀의 딸 프레야. 마리아는 초등학교 교사였는데 3년 전 우울증으로
고생했다. 그때 가족들과 함께 처음으로 쿵스레덴을 걸었다고 한다.

설거지를 한다. 그러한 일들이 끝나면 조용히 책을 보거나 작은 아들 베어와 낚시를 간다. 때론 지나칠 정도로 여기저기 기웃거리며 남의 일에 참견하는 마리아를 조심시키는 일도 없다. 그렇게 한다 해도 말을 들을 마리아는 아니겠지만 말이다. 어쩜 수다스런 마리아가 말이 거의 없는 그에게 꼭 알맞은 여인일지도 모른다.

라르스 베르그만Lars Bergman. 그는 쉐테르스투간의 관리인이다. 그는 소풍을 온 듯 즐겁게 일했다. 쉐테르스투간 계곡에 위치한 오두막의 관리인을 하고자 긴 시간을 기다린 끝에 일하게 되었다고 한다. 그는 며칠 전 방문했다는 친구와 함께 이곳을 찾아오는 도보꾼들을 환영했다. 쉐테르스투간 오두막의 위치도 좋지만 난 떠나온 테르나셰스투간의 오두막이 더 좋았다. 호숫가에 있는 사우나가 좋고 시원한 호수를 바라보며 선착장에 앉아 노는 것도 좋았기 때문이다. 루스와 브릿마리처럼 테르나셰스투간에 하루 더 머물고 올걸 하는 후회마저 들었다. 그러나 베르그만의 유쾌함이 그런 아쉬운 미련을 달래주었다.

개썰매 챔피언을 만나다

오늘은 이동거리 14km 중 10km를 보트 타고 4km만 걸어왔기에 다른 날보다 일찍 도착했다. 숙소 주변을 산책하는데 우리가 걸어온 방향과 반대편에서 한 무리의 도보여행자들이 들어와 텐트를 쳤다. 또 한 여인이 약간은 불편한 걸음으로 오두막으로 들어섰다. 키가 크고 금발에 파란 눈을 가진 전형적인 북게르만 여인이다. 긴 머리를 소녀처럼 갈래머리로 길게 땋아 늘어뜨렸다. 어디서 출발했냐고 물으니 테르나셰스투간 반대편인 비테르샬레트스투간에서 왔다고 한다. 마리아가 왜 그렇게 불편하게 걷는지를 물었다. 오늘 힘든 구간을 좀 많이 걸었기 때문이라고 한다. 비테르샬레트스투간에서 쉬테르스투간까지 그리 먼 거리가 아니고 코스도 무난한데, 뭐 그 정도 걸은 것으로 다리가 아플까? 하고 생각하는 사이, 그녀가 자신은 훈련을 하는 중이라 우리가 걷는 산자락 둘레길을 걸은 것이 아니라 높은 산마루들을 넘어 이곳에 온 것이라고 설명했다.

그러고는 자신을 이렇게 소개했다.

"난 개썰매 경주 스웨덴 챔피언이에요. 내 이름은 아세 피엘스트룀Asä fjellström입니다."

"개썰매요?"

"네. 이디타로드 개썰매 경주The Idditarod Sled Dog Race에 출전하죠. 그것은 알래스카의 험준하고 황량한 툰드라 지대에서 1,940km의 거리를 개와 함께 달리는 것이랍니다. 이디타로드 트레일은 세계에서 가장 길고 험난한 개썰매 경주죠. 그래서 1등보다 완주가 목표예요. 그 경주에 나가기 위해 체력 훈련을 하고 있어요."

세상에나, 내가 개썰매 경주를 몰라서 묻는 것이 아니다. 텔레비전을 통해서 봤기 때문이다. 그런데 그 경주 거리가 1,940km의 대장정이란 것과 여자가 개썰매 경주 챔피언이라는 점이 놀라웠다. 어떻게 하는 경주인지를 물으니 그림을 그려가며 설명해주었다.

"그럼 개는 시베리안 허스키예요?"

조용하고 창백한 하늘에 뜬 은빛 보름달

▲▲ 사진 뒤쪽에 자리한 건물이 쉬테르스투간 오두막이다.

▲ 개썰매 경주 스웨덴 챔피언 아세(오른쪽). 그녀는 알래스카의 험준하고
황량한 툰드라 지대에서 1,940km의 거리를 달리는
이디타로드 개썰매 경주에 참가한다.

"오! 아니오. 내 개들은 알래스카 말라뮤트예요, 말라뮤트가 허스키보다 조금 크죠."

"혹시 개는 몇 마리나 키우세요?"

"많죠, 경주용 개로 멋진 말라뮤트만 30마리 정도 됩니다."

그녀는 개썰매 월드챔피언십에서 한국인 개썰매 선수를 만난 적이 있다고 한다. 그녀를 통해 처음으로 우리나라에도 개썰매 경주 한국대표가 있다는 것을 알았다. 개썰매라면 늘 추운 북극에서만 하는 것으로 생각했기 때문이다. 그녀는 이곳보다 더 남쪽에 있는 라플란드의 빌헬미나^{Vilhelmina}에서 살고 있는데 사미 족인 자신의 친할머니가 만들었다며 순록 육포^{Reindeer Jerky}를 먹어보라고 권했다. 독일 여인이 순록육포가 질겨서 먹기 힘들었다고 하니 보통 순록 육포는 건조기간이 길어 딱딱하고 질기지만 자신의 할머니는 다르게 만들기 때문에 부드럽고 맛있을 것이라고 했다.

정말 부드럽게 씹히는 맛이 좋았다. 개썰매 챔피언 아세는 말했다.

"난 중국 여행 중에 뱀 고기를 먹어봤는데 맛나던 걸요."

"나는 기차 타고 미국 여행을 하면서 뉴올리언스에 갔는데 악어 육포^{alligator jerky}를 관광 상품으로 팔고 있었어요. 조금 먹어봤는데 어찌나 질기던지 먹을 수가 없었어요. 우리나라는 주로 쇠고기로 부드럽고 맛나게 육포를 만들죠."

"나의 할머니는 사미 족이고 할아버지는 스웨덴의 전형적인 북 게르만인으로 키가 크고 금발에 파란 눈이에요. 나는 할아버지를 닮았는데 할머니를 닮은 점은 개썰매를 즐긴다는 것이죠. 그런데 당신은 여행하면서 어떻게 글을 써요?"

"난 소형 녹음기를 갖고 다녀요. 갑자기 떠오르는 생각이나 이야깃거리들이 생기면 녹음하죠. 그리고 사진으로 이미지를 저장해요. 그보다 중요한 것은 여행지에 대한 역사와 문화 등을 미리 공부하는 일이죠. 그것이 여행 중에 많은 것을 배울 수 있도록 합니다. 그리고 집으로 돌아오면 저장된 이미지를 보고 또 녹음기를 통해 듣거나 간단한 키워드를 적은 노트를 보고 이야기를 풀어간답니다."

"참 괜찮은 아이디어네요. 나도 가끔 잡지에 글을 써요. 글은 부지런해야 쓸 수 있는 것 같아요."

갓 구운 빵에 카페라테

오늘 만난 또 다른 새로운 사람들은 암마르네스를 출발하여 3일 동안 야영을 하고 이곳까지 온 중학생 마틴과 그의 아버지다. 마틴은 스스럼없이 마리아의 아이들과 어울려 카드놀이를 했다. 쉬테르스 투간 오두막이 아이들의 웃음소리로 활기 넘친다. 유쾌한 관리인 베르그만과 그의 친구로 인해 밤늦도록 오두막에서 즐거운 대화가 이어졌다. 일찍 저녁을 먹은 탓에 배가 좀 고팠다. 모두가 출출했는지 쿠키와 마른 빵을 꺼내고 차를 끓여 마시며 이야기를 나누었다.

나도 마른 비스킷을 먹으며 말했다.

"아! 갓 구운 빵에 뜨거운 카페라테가 그립다."

베르그만이 갑자기 손뼉을 치더니 일어나 부엌을 나갔다. 그의 친구가 의미 있는 웃음을 짓고 있을 때 베르그만이 쟁반을 들고 왔다.

언제나 그렇듯 도보여행의 끝에는 진한 아쉬움으로
잠 못 드는 밤을 보내게 된다. 북극권의 백야 탓일까.
조용하고 창백한 하늘에 은빛 보름달이 떠 있다.
슬프도록 고독한 하늘이다.

"빵이다! 빵!"

오늘 낮에 구워둔 빵이라고 한다. 도시에 있는 친구가 이곳에 오며 야채와 밀가루를 갖고 왔는데 그것으로 베르그만이 낮에 빵을 만들어놓은 것을 우리들에게 내놓은 것이다. 그는 보들보들한 빵과 함께 치즈도 가져왔다. 생일 케이크를 자르듯 모두가 박수를 치고 베르그만이 빵을 잘랐다. 빵과 치즈 그리고 가루 분유를 따끈한 물에 타서 함께 먹으니 산중에서 즐기는 최고의 간식이다. 카드놀이를 하던 아이들도 허겁지겁 맛나게 먹었다. 마치 명절에 흩어진 가족이 만난 분위기다. 베르그만 같은 관리인들이 오두막을 지키고 있다면 앞으로 쿵스레덴은 따뜻한 사람들의 온기로 더욱더 활기 넘칠 것이다.

모두가 잠들어가는 밤이다. 이제 2~3일 정도의 일정을 남겨둔 쿵스레덴 여행! 아쉬움이 밀려왔다. 언제나 그렇듯 긴 도보여행의 끝에는 채워지기보단 이상하게 비워지는 마음과 진한 아쉬움으로 잠 못 드는 밤을 보내게 된다. 이리저리 뒤척이다 맑은 바람을 쐬고 싶어 밖으로 나갔다. 북극권의 백야 탓일까. 조용하고 창백한 하늘에 은빛 보름달이 떠 있다. 슬프도록 고독한 하늘이다. 한참 동안 알 수 없는 곳을 떠돌던 나의 시선이 보름달에 이끌리는 순간, 시베리안 허스키의 눈동자를 닮은 달빛이 나를 끌어당기듯 매섭게 내려다본다. 서늘함이 느껴졌다.

개썰매 챔피언과 오랫동안 이야기를 나누어서일까? 갑자기 늑대 인간이 되는 슬픈 사랑 이야기인 영화 「나자리노」가 생각났다. 보

름달이 뜨는 밤이면 늑대로 변하는 나자리노! 헉, 오늘이 며칠이던
가. 다행히 오늘 밤은 보름을 하루 넘긴 날이다. '나자리노' 하면 마
이클 홀름이 부른 「When a child is born」이라는 아름답고 슬픈
노래가 먼저 생각난다. '아하아하~아하아하~아~ ' 이렇게 멜로
디가 흐르는 노래 말이다. 나의 20대, 정말이지 한여름을 낭만에 젖
게 했던 슬픈 영화였다. 어느새 내 나이 오십을 훌쩍 넘어서 낯선
타향 하늘을 보며 젊음을 추억한다. 나는 가끔 찬란한 고독을 즐긴
다. 고독은 나를 채워주는 에너지가 되고 생생하게 살아 있음을 느
끼게 한다. 바로 지금처럼.

ⓘ **구간 안내**
- 테르나셰스투간Tärnasjöstugan → 쉬테르스투간Syterstugan
- 거리: 14km | 소요시간: 5~6시간 | 코스 난이도: 중

🏠 **숙소 정보**
Syterstugan Huts(700m)
- 오두막: 2개 | 침대: 28개 | 카드사용, 가게, 개 동반가능
- 오두막 이용료(3/4~5/1, 6/23~7/15, 8/29~9/18): 260크로나 | 비회
  원+100크로나 (7/16~8/28): 290크로나 | 비회원+100크로나

일기일회! 언제 다시 만나려나

쉬테르스투간Syterstugan ⏩ 비테르샬레트스투간Viterskaletstugan

고대 전쟁사를 읽으며 세계여행을 꿈꾸던 시절

쉬테르스투간의 아침. 관리인 베르그만의 친구가 제일 먼저 떠났고. 마틴 부자도 떠났다. 마틴은 떠나며 그의 등산화를 마리아에게 빌려주었다. 마틴은 신고 온 등산화가 작아서 불편했기에 스포츠 샌들을 신고 다녔는데 마틴의 등산화가 마리아의 부어오른 발에 편하게 맞았기 때문이다. 이 두 가족의 아이들은 이미 주소를 교환했다. 우편으로 신발을 보내기로 했단다.

4주째 관리인으로 일하고 있는 베르그만은 자신의 집 주변에 클라우드 베리가 많은 곳을 큰아들에게 알려주라고 떠나는 친구에게 당부했다. 수확 시기가 지나면 클라우드 베리가 떨어져 먹을 수 없게 되니 얼른 따야 한다는 말과 함께 말이다. 클라우드 베리는 지금 따서 저장을 해두면 1년을 먹는다고 한다. 잼도, 술도, 주스도 만들어 먹는 스웨덴 사람들이 요긴하게 먹는 저장식품이다. 어제 테르나셰스투간 오두막 마당에 산딸기같이 불그스름하게 익은 클라우

쉬테르스투간의 아침. 관리인 베르그만의 친구가
제일 먼저 떠났고, 마틴 부자도 떠났다.
마틴은 떠나며 등산화를 마리아에게 빌려주었다.
우편으로 신발을 돌려받기로 했단다.

드 베리가 있었는데 그것이 주홍빛으로 물들어야 먹을 수 있다고 마리아가 알려주었다.

갖고 싶은 사람은 가져가도 된다면서 베르그만이 주워다 놓은 순록 뿌리를 내놓았다. 순록의 뿔은 1년에 한번 떨어지는데 약용으로 쓸 수는 없다고 한다. 나는 쉬테르스투간에서 하루 더 머무르려고 했던 계획을 바꾸어 비테르살레트스투간으로 간다.

일기일회一期一會! 우리는 언제 다시 만날 수 있을까. 만나는 순간을 다시 못 올 기회로 여겨 최선을 다하면 떠나는 이도 남는 이도 아쉬움이 없을 것이다. 그런 마음으로 쉬테르스투간의 오두막을 떠난다. 약간의 서운함이 있다면 좋은 시간을 보낸 증표가 아닐까. 오늘도 마리아와 함께 걷는다. 그녀는 내 어깨 한쪽에 앉아 쉼 없이 재잘대는 한 마리 새와 같다. 마리아는 만족스런 가정을 꾸렸다고 한다. 큰아들은 내년에 영국에 있는 회사로 취업하기를 바라는데 그럼 내년 10월쯤이면 런던 구경을 할 수 있을 것이라고 기대에 차 있다.

지금 우리가 걷는 길은 노르웨이 국경과 가깝다. 노르웨이는 스웨덴보다 물가가 비싸서 국경 근처 스웨덴 시장에 노르웨이인들이 장을 보러 몰려온다. 또한 겨울에 이곳으로 스키를 타러 오는 이들의 50퍼센트가 노르웨이인이다. 높은 산 정상까지 헬리콥터로 이동하는 서비스를 해주는 겨울 스키 패키지가 있다고 한다. 하루에 4~5번 정도 스키를 타고 내려오기 위해 산 정상까지 운행하는 헬리콥터 리프트다. 정상에서 내려오는 데 한 시간이 걸린다고 한다.

스키를 타고 내려와 산 아래 오두막에서 음식을 먹고 쉬었다가 다시 헬기를 타고 꼭대기로 올라가는 것이다.

마리아는 헬리콥터는 스키 리프트 역할도 하지만 흩어진 순록 무리를 모으는 양치기 노릇도 한다고 한다.

"내 생각에는 말이야. 노르웨이 사람들이 스웨덴 사람보다 더 친절해. 아웃도어 생활이 발달한 나라답게 제품의 디자인과 성능도 좋지. 네가 입은 그 티셔츠도 노르웨이 제품이야."

"마리아는 어떻게 그렇게 기억력이 좋지. 아는 것도 많아."

"우리 엄마는 94세인데 나보다 뛰어난 기억력을 가지고 있어. 엄마는 내가 기억하지 못하는 지난 행동과 소소한 것들까지 기억해서 내게 말해주거든."

마리아가 나를 바라본다. 때론 그녀의 눈이 독수리같이 매서울 때가 있다.

오늘은 도보여행자에게 완벽한 날씨다. 하늘은 짙푸른 바다색으로 거침없이 공활하다. 오늘 걸을 구간거리 13km는 느려도 네 시간이면 도착할 정도지만 난 지금 마리아보다 더 느리게 걸어가고 있다. 나도 그렇듯 독일 여인들도 틈틈이 배낭을 벗어놓고 쉬며 간다. 한참을 같이 앉아 쉬다가 독일 오스나브뤼크Osnabrück에서 온 마리에타의 나이가 67세인 것을 알게 되었다. 동행하는 친구 한나는 나와 동갑이지만 나보다 열 살은 많아 보인다. 이런 경우를 요즘 아이들 말로 자빽!이라고 하나?

난 독일 여행을 여러 차례 했다. 괴테의 발자취를 찾아서, 와인의

오늘은 도보여행자에게 완벽한 날씨다.
하늘은 짙푸른 바다색으로 거침없이 공활하다.
나도 그렇듯 독일 여인들도 틈틈이 배낭을 벗어놓고 쉬며 간다.

향기를 찾아서, 로마인들의 전사를 따라서, 맥주의 맛을 찾아서, 고성과 로맨틱한 가도를 따라서, 음악의 고향 베토벤과 바흐를 찾아서 테마가 있는 여행을 했다. 독일의 큰 도시는 물론이고 작은 동네까지 찾아가보았다. 그래서 여행 중 독일 사람들을 만나면 좀 아는 척을 할 수 있다.

오스나브뤼크 여인들에게도 그곳에서 가까운 칼크리제 박물관 이야기를 꺼냄으로써 내가 그냥 떠돌이 여행자가 아님을 확인시켜주었다. 칼크리제 박물관은 기원후 9년 로마군 게르마니아 사령관 바루스가 이끄는 로마의 정예 군단이 그들이 미개민족이라 여긴 메루스키 족의 지도자 아르미니우스에게 대참패를 당하는 토이토브르크 전투의 현장이다. 이 전투는 로마 3대 참패 전쟁 중 하나일 정도로 역사적으로 중요한 사건이었다. 이 전투에 관심이 많았던 나는 뉴욕에서 산 피터 웰스의 *The Battle that stopped Rome* ^{한국에는} 아직 번역출간되지 않음을 읽고 칼크리제 박물관에 찾아갔다. 그러니 오스나브뤼크 여인의 눈이 동그레질 수밖에.

새삼스럽게 얘기하자면 난 한때 세계 전쟁사 읽기에 빠진 적이 있다. 제1·2차 세계대전은 물론 고대의 전쟁사를 공부하면서 세계여행을 꿈꾸었다. 물론 『세계문학전집』을 읽으면서도 여행을 꿈꾸었다. 이런 독서가 여행에 많은 도움을 주었다. 내가 타향살이를 하는데 낯선 여행객이 찾아와 내가 한국인임을 알고 세종대왕과 이순신 장군의 역사를 들먹인다면 나는 크게 감동해 낯선 여행객을 대할 것이다. 평소에 읽어두었던 세계사 덕분에 낯선 곳에서 대접을 톡톡히 받은 게 여러 번이다.

한 번은 영국 할아버지인 줄 모르고 사막의 여우 로멜이 미국의 조지 패튼보다, 영국의 몽고메리보다 더 멋진 장군이라고 했다가 혼쭐났던 기억도 있다. 내가 패전 장군이 되어 히틀러에 의해 독살당한 로멜을 높게 보는 이유는 그의 훌륭한 전술도 물론 대단하지만 그가 부하들에게 진정한 추앙을 받은 것과 같은 이유에서다. 로멜은 사람을 특히 부하들을 위할 줄 아는 성정을 가졌다. 그는 흙구덩이에 빠진 차를 손수 위로 끌어 올리는가 하면 식수가 떨어진 영국군에게 식수를 보내기도 했다. 막말을 퍼부어대며 성질 급하게 부하를 다루었던 조지 패튼 장군과 비교되는 부분이다.

오스나브뤼크 여인 마리에타는 이 라플란드 여행이 세 번째다. 3년 전에는 사렉 국립공원을 돌아다녔고 작년에는 쿵스레덴 아비스코에서 크비크요크까지 걸었다. 이번에는 암마르네스에서부터 여정을 시작했다. 작년에 함께 왔던 친구는 여행하는 내내 불평을 해서 너무 힘들었단다. 예를 들어 오르막을 만나면 "왜 이리 오르막이 많지" 하고 내리막을 걸을 때는 "왜 이리 경사가 가파른 거야" 라고 했단다. 비는, 바람은, 햇빛은 이런 식으로 모든 것을 투덜거렸기 때문에 골치가 아팠던 것이다. 이번에 함께 온 친구는 모든 것을 불평하기보다는 긍정적으로 받아들이고 적극적으로 움직이기 때문에 다음에도 함께 여행하고 싶을 만큼 좋은 파트너라고 했다.

오스나브뤼크 여인들이 길을 떠나고 난 그 자리에 더 머물며 쉬었다. 아예 바위에 자리를 펴고 누웠다. 혼자 걷고 싶어 다른 이들과 거리를 두려 했다. 쿵스레덴이 끝나가는 게 아쉬운 마음이 들어 코끝이 시큰해지고 맘이 짠해졌다. 아비스코에서부터 순록을 보리라 기대했지만 아직도 만나지 못했다. 쿵스레덴은 이곳에 다시 오라고 순록 떼를 내게로 보내지 않았나보다. 다시 오리라! 단지 순록을 보러 오는 것이 아니라 이 공활한 하늘과 장대한 대지 위에서 바람으로 온몸을 샤워하고 싶은 마음에서다. 길이 끝나가니 다시 돌아올 생각을 벌써 하고 있다. 다시 배낭을 짊어지고 일어났다.

아! 쉬테르 계곡이여

쉬테르스투간을 떠나 조금 경사진 언덕을 올라서면 다시 평탄한 길이 이어진다. 그리고 살짝 내리막길로 접어들면 마치 삼거리처럼 계곡이 펼쳐진다. 왼쪽으로 가면 테르나뷔로 가는 직선 코스의 계곡이 펼쳐지고 오른쪽으로 펼쳐진 계곡이 내가 가야 할 쉬테르 계곡이다. 1,700m, 1,800m의 산들로 둘러싸인 계곡. 그 길의 중심에 이정표가 세워져 있다. 얼른 이 계곡을 떠나고 싶지 않은 마음에 이정표를 중심으로 한 바퀴 크게 원을 그리며 천천히 돌아보았다.

아비스코를 출발해 쿵스레덴을 걸어온 날들을 회상해본다. 그리고 내 마음도 들여다본다. 내가 앞으로 살아가고 싶은 삶도 그려봤다. 나도 모르게 마음속 깊은 곳에 뭉쳐 있던 무거운 호흡을 뱉어내며 소리가 터져 나왔다. 길고 긴 호흡으로 내지르는 소리다. 나도 모르게 목까지 차올랐던 어떤 소리가 있었나보다. 뜨거운 눈물이 났다. 내 안에 잠재한 어떤 한이라도 있었던 걸까? 한참 동안 나도 모르는 의미의 눈물을 흘렸다. 그래. 이유가 왜 필요하고 변명이 왜 필요하겠어. 기운이 빠져 배낭을 벗어두고 이정표 아래 앉아서 또 쉬었다. 목이 부은 듯하다. 반대편에서 한 가족이 온다. 쉬테르스투 간으로 가는데 그곳에서 하루 자고 다시 돌아와 비테르샬레트스투 간으로 갈 것이라고 했다. 나이 든 스웨덴 부부인데 딸로 보이는 어린 소녀는 흑인이다. 입양을 하였나보다. 밝고 씩씩한 걸음으로 걸어가는 어린 소녀의 눈망울이 선하다. 그들이 떠나는 뒷모습을 빈 마음으로 한없이 바라보았다.

다시 길을 간다. 쉬테르 계곡은 남북으로 뻗은 대산맥Norra Stokfjället의 남과 북으로 약간 갈라진 틈새에 위치한다. 오른편으로는 1,768m, 왼편으로는 1,685m의 깎은 듯 솟아 있는 산 사이로 길게 회랑을 이루듯 계곡이 10km 정도 이어진다. 오른편 산 아래는 강물이 흐른다. 도보여행자는 남북으로 뻗은 대산맥을 쉬테르 계곡을 통해 동서로 횡단하는 것이다. 계곡 입구에 오두막이 두 개 있다. 붉은색을 칠한 것은 STF 오두막으로 휴식을 취하고 잠도 잘 수 있는 아주 작은 오두막이다. 한겨울과 비가 올 때 추위와 비를 피해 쉴 수 있도록 지은 것이다. 지금은 계곡의 바람이 시원한데 가을과 겨울이 오면 바람 때문에 들판에서 쉬기는 힘들 것이다. 그 옆의 오두막은 사미 족의 것으로 순록을 따라 이동할 때 사용하는 것이다. 이 오두막은 쉬테르에서 오면 계곡의 시작점에 있고 반대로 비테르샬레트스투간에서 오면 계곡의 끝에 있다. 그러니까 뻥 뚫린 계곡에 이정표처럼 서 있는 것이다.

왼쪽으로는 테르나뷔로 가는 직선 코스의 계곡이 펼쳐지고
오른쪽으로 펼쳐진 계곡이 내가 가야 할 쉬테르 계곡이다.

겨울코스는 계곡의 오른편으로 치우친 강 건너에 있다. 강을 사이에 두고 여름코스와 평행선을 그리며 이어진다. 산자락을 타고 산마루에 쌓인 눈이 녹아 폭포를 이루며 흘러내려 장관을 연출한다. 백두산 호랑이 가죽처럼 잔설이 남은 산비탈을 보며 깊고도 넓은 계곡을 천천히 음미하느라 쉬고 또 쉬면서 떠나기를 주저한다. 하늘은 깊은 바닷빛으로 맑으며 흰 구름은 또 어찌 그리 뽀얗고 달콤한 솜사탕처럼 뭉쳐 떠다니는지. 이렇게 환상의 조화를 이루고 있는 계곡을 벗어나고 싶지 않아 느리게 걷는다. 머무르지 않는 한 언제고 계곡을 벗어나게 되겠지. 계곡의 끝에서 살짝 왼편으로 걸음을 옮기니 멀리 오두막이 보였다. 길 건너 오른쪽 깊은 골짜기는 비테르샬레트스투간 계곡이다.

오늘 비테르샬레트스투간 오두막의 관리인은 한스^{Hans Karlsson}다. 먼저 도착한 마리아와 그의 가족이 방 하나를 다 차지하고 편하게 쉬고 있다. 이들 모두 내게 던진 첫마디는 "오늘 날씨가 환상적이죠. 계곡을 떠나오고 싶지 않았죠?"다. 오스나브뤼크 여인들과 방을 같이 쓰게 되었다. 두 여인은 친절하고도 부지런해서 부엌의 빈 물통을 들고 나가 물을 가득 채워놓는 일을 자주 했다. 도착하자마자 사람들이 물을 끓여 차를 마시도록 배려하는 것이다. 이 두 여인은 헤마반에서 이틀 정도 쉬었다 독일로 갈 것이기에 어쩜 헤마반에 도착해 다시 만날 수 있을 것이다. 마리아의 가족은 헤마반에 도착해 바로 우메오로 간다. 마리아는 마틴이 주고 간 등산화 덕에 편하게 왔다고 한다.

여행을 마무리하는 나의 쿵스레덴 친구들의 모습을 찬찬히 바라보며 쉬는데 어찌 된 일인지 세르베스투간에서 만난 다혈질 아줌마가 이곳 오두막으로 들어서는 것이다. 그녀는 세르베스투간에서 며칠 묵은 뒤 보트를 타고 암마르네스로 갔고 그곳에서 헤마반으로 왔으며 또 헤마반은 너무 심심해서 다시 이곳으로 온 지 이틀째라고 한다. 아줌마는 방황을 하는 것일까? 모두가 부엌에 모여 대화를 즐기며 웃음꽃을 피우는 시간에도 혼자 밖으로 나가 야외 탁자에서 맥주를 마셨다. 어울리지 못하는 걸까. 스스로 외로움을 즐기는 걸까?

오늘 아비스코에서 함께 걸은 적이 있는 청년을 만났다. 그는 쿵스레덴 전 구간을 걸었는데 텐트를 치며 야영을 해왔고 노를 젓는 보트를 이용해 호수를 건넜다고 한다. 말이 거의 없을뿐더러 인사를 해도 받지 않았고 웃지도 않았다. 경계태세를 갖춘 것인지 아니면 무심함으로 무장한 것인지 까칠한 청년이었다. 오늘 그 청년은 다른 때와 달리 무장해제를 했다. 인사를 하니 받아주고 묻는 질문에 대답도 해준다.

그의 이름은 야콥. 18세의 학생이다. 아비스코에서 출발했는데 내일 헤마반에 도착하면 18일 간의 일정이 끝난다고 한다. 430km의 거리를 18일 동안 걸었다면 하루 평균 24km를 걸은 것이다. 자신의 나이와 같은 날만큼 걸어서 쿵스레덴을 완주하는 것이 목적이었는데 이제 그 목적을 이룬 것이다. 그러나 야콥은 그저 걸은 것이겠다. 18일이란 기간에 맞추어 걸어야 했으니 주변을 둘러볼 여유없이 걸었다고 봐야 할 것이다. 야콥은 하루도 쉬는 날 없이 텐트에

서 자고 가게가 있는 숙소에서 식품을 보충하면서 걸어왔다고 한다. 그러나 매그너스는 다르다. 큰 오두막에서는 편의시설을 이용하고 때론 하루 더 쉬기도 하며 주변을 둘러보고 느긋하게 지내다 출발하기도 한다. 그러니 야콥보다 늦게 도착할 것이다. 야콥을 오늘 보았으니 매그너스도 며칠 뒤에 도착하지 않을까. 내 작은 바람은 쿵스레덴 여정을 마치면서 그를 보고 가는 것이다. 뒤따라오는 매그너스는 방명록에 기록을 남길 때 먼저 기록돼 있는 내 이름을 발견할 것이다. 매그너스에게 그림을 그려서 인사말을 남겼다. 메모를 발견하면 반가울 것이란 생각에 미소가 절로 났다.

드디어 순록을 보았다

어제의 완벽한 날씨와 달리 오늘은 비가 오락가락한다. 오두막에서 하루를 더 머무는 나는 비를 맞으며 네 번의 이별을 했다. 제일 먼저 즐겁게 지저귀는 새 한 마리가 날아갔다.

"너를 잊지 못할 거야. 안녕!"

귓가에 인사를 남기고 짧은 눈물을 보이며 마리아는 훌쩍 떠나버렸다. 멀리 그녀의 모습이 사라질 때까지 바라보았다. 코끝이 시큰해지며 눈물이 났다. 마리아의 가족은 오늘 헤마반으로 내려간 뒤 버스를 타고 우메오 집으로 간다. 마리아는 걸음이 느린 탓에 다른 가족보다 일찍 떠나야 버스시간에 맞게 도착할 수 있기에 그녀 홀로 두 시간 먼저 떠난 것이다. 오스나브뤼크 여인 마리에타는 내가 무릎이 자주 비틀거려 손수건으로 무릎을 단단히 조여매고 절뚝거리며 걷는 것을 보더니 요긴하게 쓸 것이라며 독일에서 사온 새 무릎 보호대를 선물로 주고 떠났다. 난 답례로 줄 것이 없어서 사용하던 것이지만 내가 만든 나의 이니셜이 들어간 비단 명함지갑을 선물로 주었다.

그다음 야콥이 떠났다. 텐트를 거두어 꾸린 짐이 많이 무거운지 비스듬히 누워서 배낭을 들어 올렸다. 그는 그런 모습을 멀리서 조용히 지켜보던 나를 향해 잠깐 손을 흔들어주고 뒤돌아섰다. 그리고 마리아의 남편과 아이들이 떠났다. 스웨덴 신의 이름을 딴 토르, 듬직하고 낚시를 좋아하는 귀여운 베어, 사랑받는 고귀한 여자로 살기 바라는 소망으로 태어난 프레야, 그리고 마리아의 남편 브레딘이다.

헤어짐은 슬프다. 아름답고 소중한 추억과 이별이 오버랩되기 때문이다. 모두가 떠나는 뒷모습이 보이지 않을 때까지 바라보았다. 아무도 뒤돌아보지 않고 미련 없이 떠났다. 뜨겁던 하루의 해가 멀리 지평선 끝으로 사라지는 것처럼 친구들은 비테르살레트스투간의 언덕을 넘어 그렇게 내 눈에서 사라졌다. 난 여행을 하며 언제나 만남을 기대하고 또 이별을 준비한다. 만남은 천천히 다가오는 게 좋고 이별은 짧은 것이 좋다. 만남과 이별의 정리정돈! 만남과 이별에 애를 끓이거나 미련을 담아 보관하지 않을 것이라 다짐한다. 그러나 늘 다짐만 한다.

쿵스레덴의 대자연 속을 거닐며 바람의 소리와 바람에 묻어 오는 향기와 살짝 물먹은 그 촉촉한 바람결이 얼굴을 스칠 때면 나는 자

마리아, 야콥, 그리고 마리아의 남편과 아이들이 순서대로 길을 떠난다.
헤어짐은 슬프다. 아름답고 소중한 추억과 이별이 오버랩되기 때문이다.

유로운 영혼이라도 된 듯 날아갈 듯이 행복했다. 그래서 난 바람이고 싶다. 길을 걸으며 인생을 생각할 때가 많다. 힘든 고갯길은 작은 걸음으로 조금씩, 조금씩 걸어 언덕에 올라서면 한 고개 한 굽이를 넘은 보상으로 시원한 바람이 불어오지 않던가. 가파른 내리막길은 걷기 쉬울 수 있지만 복병을 만날 수도 있으니 한 걸음 한 걸음 조심해서 내려가야 한다. 짐의 무게는 어쩜 욕심의 무게일 것이다. 욕심을 덜어낸 짐은 좀 가벼워진다. 먼 길 걸어다니며 여행하다 집에 오면 너무 많은 것을 갖고 있음을 깨닫는다. 꼭 필요한 것은 그리 많지 않다.

높은 산 위로 구름이 낮게 내려앉았다. 비구름이 서쪽 높은 산맥을 넘어 노르웨이로 넘어가고 오락가락 안개비가 내린다. 모두가 떠난 오두막을 청소하고 따끈한 커피와 마른 빵 몇 조각을 먹었다. 먹어도, 먹어도 허기가 진다. 배가 고파서가 아니다. 울적한 마음이 허기를 느끼게 하는 것이다. 이런 날은 뜨끈뜨끈한 황토방에 누워 잠을 자는 것이 최고인데.

잠시 누웠는데 잠이 들었나보다. 관리인 한스가 급하게 깨웠다. 순록이 지나가니 얼른 나와서 보라는 것이다. 후다닥 카메라를 챙겨 들고 나갔다. 겨울코스, 그러니까 강 건너의 산자락을 타고 순록 무리가 지나가고 있었다. 강가는 늪지라 가까이 갈 수 없어 먼발치서 바라보았다. 방울 소리를 내며 대장 순록이 뛰듯이 앞서 갔다. 내가 다가갈수록 더 빨리 뛰어가는 순록들! 뒤쪽에 처진 어린 순록은 허둥지둥 쫓아가기 바빴다. 나를 보았기 때문에 뛰어가는 것이

어제의 완벽한 날씨와 달리 오늘은 비가 오락가락한다.
잠시 누웠는데 잠이 들었나보다. 관리인 한스가 급하게 깨웠다.
순록이 지나가니 얼른 나와서 보라는 것이다.
강 건너 산자락을 타고 순록 무리가 지나가고 있었다.

다. 미안한 마음이 들어 더 다가서지 않고 먼발치서 바라보았다.

한스는 내가 쿵스레덴을 걸으며 순록을 못 보았다는 것을 마리아를 통해 들었다고 한다. 그래서 오두막을 청소하다 순록 방울 소리를 듣고는 어디서 오는지 살핀 후에 서둘러 내게로 와 알려준 것이다. 고마운 마리아와 한스다. 순록 무리가 쉬테르 계곡으로 이동하는 것을 보고 부지런히 오두막으로 돌아와 옷을 챙겨 입고 쉬테르 계곡으로 갔다. 안개비 내리는 쉬테르 계곡의 남쪽 산허리에서 순록 대장의 방울 소리가 세 군데서 들려왔다. 여기저기서 순록의 무리들이 계곡으로 오는 것이다. 안개비 속에 순록들이 떼를 지어 남쪽 높은 산으로 올라가고 있는 것이 보였다. 드디어 쿵스레덴의 마지막 오두막에서 순록 떼를 봤다. 순록에 대한 나의 기억은 50년 전쯤으로 거슬러 올라가 크리스마스 카드에서부터 시작되는데 지금 그 순록들이 눈앞에서 떼를 지어 가니 감회가 깊다. 사미 여인 잉에르 헬만의 말처럼 영리하고 조용하며 강인하고 길들여지지 않은 야생의 순록! 멀리서 바라보는 것이 아쉽지만 그나마 볼 수 있어서 반갑고 고마운 마음이다. 안개비 속으로 사라지는 대장 순록의 방울 소리 또한 뇌리에 오래 남아 있을 것 같다.

산속의 날씨는 변화무쌍하다. 관리인은 비상전화로 날씨 정보를 듣고 숙소에 머무는 사람들에게 알려준다. 오늘 날씨는 화창할 것이라 했지만 비가 내렸다. 잠깐이라도 날씨가 맑아지기를 기다렸다. 쉬테르 계곡의 멋진 모습을 다시 보고 싶어서다. 지난 밤 많은 사람들이 계곡의 한가운데서 텐트를 치고 야영을 한 뒤 헤마반으로 가기 위해 비테르샬레트스투간에 들렀다. 비가 오니 오두막 부엌에서 따끈한 차를 마시며 잠시 쉬었다 가는 것이다. 그들은 지난밤 계곡의 모습이 얼마나 아름다웠는지를 설명하며 사진을 보여주었다. 아! 환상적인 계곡의 모습을 탄성들 지르며 보았다. 그런 아름다운 광경을 가까이서 놓친 것이 못내 서운했다. 나도 낮에 사진을 많이 찍었지만 백야라 해도 한밤의 빛이 다르기 때문에 더 멋진 사진을 찍을 수 있는 것이다. '아! 계곡에서 야영을 하는 건데.' 아쉬움을 떨치기가 어렵다. 비가 개면 다시 계곡을 어슬렁거려볼까 해서 계속 창밖을 내다보았다.

어제 계곡에서 만났던 쉬테르스투간으로 간 가족 일행이 오두막에 들어선다. 쉬테르스투간에서 자고 돌아오는 것이다. 오자마자 내가 순록을 만난 것을 반갑게 축하해주었다. 참 이상하다. 내가 순록을 본 것이 쉬테르스투간까지 바람을 타고 전해졌나? 이어서 루스와 브릿마리가 도착했다. 그녀들은 숙소에 도착해서 출입구 옆에 있는 방에 짐을 놓았는데 그 방에 먼저 자리 잡은 다혈질 아주머니를 본 순간 깜짝 놀라 다른 방을 찾다가 나를 발견하고는 내 방으로 옮긴 것이다. 세르베스투간에서 다혈질 아주머니와 만났을 때 그녀가 자주 히스테리를 부렸기 때문에 무서워 피한 것이라고 한다. 내가 머무는 방은 4인실로 아침에 청소도 한 번 더 해서 깨끗하고 들꽃도 꺾어다 놓았기 때문에 예쁘다며 마음에 들어 했다. 브릿마리는 나를 만나자마자 쉼 없이 얘기를 시작했다.

"헤이, 킴! 네 나이에 대한 새로운 기록이 있어. 그게 몇 살인 줄 알아? 바로 25세야."

"예에? 누가 나를 25세로 봤어요?"

"테르나셰스투간 보트맨이 그랬지. 우리가 35세로 본 것도 20세나 젊어 보이는 건데 그 비결이 뭐야? 가르쳐줘."

"아니, 뭐 비결은 조상 잘 만난 거지."

"우린 말이야, 테르나셰스투간에서 보트맨이 커다란 송어를 잡아주어서 맛나게 튀겨 먹었어. 흐흠. 어찌나 맛나던지."

"킴! 레밍하고 얘기해봤어? 루스는 레밍하고 얘기를 해."

"하하. 어떻게 레밍하고 얘기를 하지? 어떻게 하는데요?"

"입술을 오물, 오물거리며 쯔비쯔비. 매매매. 해봐. 그럼 돼."

레밍과도 대화를 하는 참으로 귀여운 할머니 루스다. 나도 루스처럼 유쾌하게 늙고 싶다.

인생 3막, 멋지게 나이 들고 싶다

난 지금 나이가 들어감을 즐긴다. 정말로 늙어가는 것도 재미가 있다. 비록 몸은 좀 낡아서 고장신호를 보내고 수많은 주름과 처진 피부로 겉모습은 많이 늙었지만 괜찮다. 그런 세월이 흘렀기에 홀가분한 자유를 누릴 수 있는 것이기 때문이다. 나도 아이들이 커가는 동안 아내로 엄마로 또 직장인으로 충실하게 살았다. "모든 부분에 다 잘하며 살았다!"라고 말할 수는 없다. 그러나 충실하게 살았음에는 명함을 서슴없이 내밀겠다. 이제 난 나를 위해 산다. 나의 두 딸은 더 이상 아이들이 아니라 독립된 성인으로 제 몫을 하며 산다. 내겐 여전히 애들이지만 이제 그들은 그들의 세계가 있다. 내가 이 애들을 헬리콥터 맘처럼 맴돌며 돌볼 필요는 없다. 흔히 이야기하는 그런 헬리콥터 맘으로 살지 않았기에 나 역시 자녀로부터 독립하고 자유로움을 얻었다. 또한 나는 아이들에게 괜찮은 엄마였음을 자부한다. 잘 크도록 도와줬고 내 울타리를 떠날 때 진정 기뻐하며 보냈고 지금은 따뜻한 사랑과 격려의 박수를 보내기 때문이다. 이제 나는 시간을 잘 관리하고 보내면서 근심의 대상이 되지 않고 멋지게 늙어가는 삶을 보여줄 것이다. 더 시간이 흘러 내 두 딸에게 "나도 나이 들면 엄마처럼 살고 싶어요"라는 말을 듣는다면 그럭저럭 잘 산 기분이 들지 않을까?

남편? 늘 남의 편만 들어서 남편이라고 한다는데 내 남편도 다르지 않다. 인생이 3막이라면 1, 2막 동안 난 늘 조연으로 살았다. 부모에 의한 삶과 엄마와 아내로 사는 삶이었다. 나머지 3막! 마지막 무대다. 내가 한번쯤 나만을 위한 삶을 살아보겠다고 선포하는데 1, 2막 주인공들이 그들의 삶이 좀 불편해진다고 태클을 건다면 지독한 이기주의이며 부당한 대우라고 생각한다. 남편도 변해야 한다. 지금까지 가장으로 제왕처럼 섬김을 받고만 살았다면 이제 조금은 무수리로 사는 방법을 배워야 할 것이다. 남편을 조석으로 챙기고 그의 일거수일투족을 편안하게 하기 위해 먼 길 떠나기를 주저해서는 안 된다. 남편 역시 자신의 편안함을 유지하기 위해 아내의 걸음을 붙잡는 이기심은 버려야 할 것이다.

'나 밖에서 이렇게 애써 돈 벌어왔어. 그러니까 아내는 나를 위

나는 하고 싶은 일이 정말 많다.
그래서 늙어가는 것이 바쁘고 재미있다.
이런 내 삶의 여유와 희망을 보따리 하나 짊어지고
느리게 걷는 도보여행에서 배운다.

해, 집안을 위해 틀을 깨지 말고 있어야 해'라고 생각하는 남편이라면 지독한 이기주의자다. 난 그런 이기주의자 남편을 두지도 않았지만 그랬다 하더라도 내 삶의 마지막인 3막을 내가 설계하고 나를 위한 삶을 살아보는 데 주저하지 않을 것이다. 가정을 파하고 독립하겠다는 것이 아니다. 지금까지는 고정된 계율의 삶을 살았다면 앞으로는 서슴없이 계율을 조정하든가 파계하고 살겠다는 것이다. 파계하기 이전에 조정이 우선이다. 서로 조율하여 먼 길 떠나는 아내나 남편을 서슴없이 격려해준다면 멋진 인생 동반자로 변함없이 살 수 있다. 나의 경우는 고맙게도 조정이다. 이제까지 남의 편으로만 살아온 사람이니 지금은 적어도 내 편은 아니더라도 나의 삶의 방식을 불평하지 않고 인정해준다. 참고로 난 페미니스트는 아니다.

아내? 아내도 좀 변해야 할 것이다. 나는 퇴직자 프로그램을 통해 많은 남편들을 만났다. 사실 국가와 가정의 경제를 위해 지금까지 힘들게 일해온 사람들이 우리 시대의 남편들이다. 한국전쟁 후 어수선하고 가난한 시절에 태어난 남자들, 남편을 떠나 한 사람으로 그것도 친정집 오라버니로 생각해보면 누구라도 등 두드려주고 싶은 사람들이다. 어쩌면 꿈도 꾸지도 못하고 가정과 나라의 경제 일꾼으로 나선 사람들이다. 자신의 꿈과 달리 누군가는 일찍 생활 전선에 뛰어들기 위해 상고나 공고를 가야 했고 또 음대나 미대를 가고 싶은데 공대나 의대, 법대를 가야 했던 사람들도 있을 것이다.

이들이 이제 은퇴를 맞이하며 인생 3막을 시작하려고 한다. 그들도 젊은 시절 잃어버린 꿈을 찾아 홀로 해보고 싶은 것이 참 많을 것이다. "당신 참 수고 많으셨어요. 뭔가 한번 해보고 싶은 것은 없으세요?"라고 아내가 먼저 운을 띄워주는 것은 어떨까? 혼자 배낭 꾸려 먼 길 떠난다고 구박 말고, 다 늙어 무슨 색소폰을 배우냐 핀잔 주지 말고, 뭐 그 나이에 춤은 배운다고 비웃지 말고 말이다. 오히려 비자금 조금 얹어주며 격려해주는 것은 어떨까. 대화가 잘 통하고 취미가 비슷한 부부여서 같이 인생 3막을 설계한다면 그야말로 금상첨화로 누구나 부러워하는 삶일 것이다.

하고 싶은 일을 하며 살아보리라 작정을 하니 하고 싶은 것이 너무 많아서 잠 못 이룰 때가 많다. 모든 여자의 꿈은 홀로 여행하는 것이다!라고 한다. 어찌 여자뿐일까. 그렇담 난 꿈을 이루었다. 홀로 떠나는 여행을 몇 년째 해오고 있으니 말이다. 늘 여행의 목적지가 정해지면 공부할 게 많아서 누구 만나는 시간조차 내기 싫을 때도 있다. 여행지의 문화와 역사, 경제, 지리에 대한 공부를 하는데 그게 재미있다. 언어도 다양하게 공부하고 싶다. 일어와 에스파냐어 다음으로 중국어를 배우고 싶다. 잘 못하더라도 알아두고 싶다. 그래야 풍부한 경험을 하게 되니까 말이다.

목공예도, 옷을 만드는 법도, 그림도 배우고 싶다. 재밌게 늙어가는 법을 서로 나누는 교실을 운영하는 학교도 만들고 싶고, 잡지도 만들고 싶고, 오토바이를 타고 세계일주도 하고 싶고, 북극곰 수영 대회도 나가고 싶고, 빵 만드는 것도 배우고 싶다. 아. 뭐 이렇게 하고 싶은 일이 많은지 모르겠다. 그래서 늙어가는 것이 바쁘고 재미

있다. 나 역시 몸이 자주 아프다. 아픈 것도 긍정적으로 받아들이며 살살 다독여 회복한다. 매일매일 희망이 넘친다. 혼자 놀아도 즐겁고 누군가와 같이 놀아도 즐겁다. 이런 내 삶의 여유와 희망을 나는 보따리 하나 짊어지고 느리게 걷는 도보여행에서 배운다. 그러니 이 밤 이 먼 타향의 조그만 침대에서도 행복한 잠을 잘 수 있는 것이다.

ⓘ **구간 안내**

- 쉬테르스투간Systerstugan → 비테르샬레트스투간Viterskaletstugan
- 거리: 13km | 소요시간: 4~6시간 | 코스 난이도: 중

🏨 **숙소 정보**

Viterskaletstugan Huts(800m)

- 오두막: 2개 | 침대: 24개 | 카드사용, 가게, 개 동반가능
- 오두막 이용료(3/4~5/1, 6/23~7/15, 8/29~9/18): 260크로나 | 비회원+100크로나 (7/16~8/28): 290크로나 | 비회원+100크로나

* 사우나는 없지만 씻을 수 있게끔 해놓은 방이 있어 물을 길어다 쓰도록 해놓았다. 가스로 물을 덥혀서 찬물을 데워 쓴다면 춥지 않게 샤워할 수 있다. 씻은 후 물을 갖다 버리지 않아도 되므로 편리하다.

쿵스레덴의 남쪽 대문을 통과하다

비테르샬레트스투간Viterskaletstugan ◐ 헤마반Hemavan ◐ 테르나뷔Tärnaby

모두! 모두! 고마워요!

비가 그친 화창한 아침이다. 오늘 11km를 걸어가면 쿵스레덴 코스는 끝이 난다. 헤마반에 도착한 뒤 버스를 타고 테르나뷔로 가기로 했다. 헤마반에서 지내본 여행자들이 헤마반에 있기보다 테르나뷔에서 머무르는 것이 훨씬 좋다고 추천했다. 루스와 브릿마리는 침대와 방 청소를 깨끗이 한다. 이불을 밖으로 갖고 나가 털어다 놓고 주변도 깨끗이 청소한다. 부엌에서도 사용한 물은 갖다 버리고 먹을 수 있는 물통에 물이 없으면 채워놓는다. 루스가 주도적으로 청소를 한다. 이런 일들을 마치고 나면 오두막에서 제일 마지막으로 출발한다. 오늘도 우리가 맨 마지막으로 비테르샬레트스투간을 떠났다.

길의 상태는 특별히 나쁘지 않다. 씩씩한 루스가 앞서 가고 브릿마리와 내가 뒤따라간다. 맑은 하늘과 바람, 아름다운 꽃들이 한들거리고 산자락을 따라 흐르는 냇물 소리와 눈 녹아 쏟아져 내리는 작은 폭포들! 아름다운 날이 한 걸음 한 걸음씩 지나간다. 루스는 카리스마와 위트가 넘치는 보스 같고, 브릿마리는 충실한 2인자로 보스 곁을 따라 걷는다. 나는 이들과 함께 걷는 것이 행복하다. 두 사람은 보온병을 갖고 다닌다. 떠나기 전에 뜨거운 물을 끓여 보온 병에 담았다. 우린 첫 번째 휴식을 취하며 보온병의 물로 커피를 타서 마른 빵과 함께 먹었다. 두 번째 휴식에서는 수프를 풀어서 마셨다. 두 사람이 뜨거운 물을 나눠주어서 함께 따뜻한 차를 마시며 쉬었다. 혼자 길에서 쉴 때는 찬물과 함께 마른 빵에다 크림을 발라서 먹었다. 보온병이 필요함을 알고 있었지만 배낭의 무게를 줄이려고 준비하지 않았다.

"킴! 내가 처음 쿵스레덴을 걸었을 때인데 우리도 너처럼 아비스코로 갔어. 출발 전에 루스가 보온병을 갖고 오라고 해서 집에서 쓰던 보온병을 가지고 갔지. 손잡이가 달리고 앞에 물을 따르는 주둥이가 삐져 나온 그런 것이야. 숙소에서 아침에 물을 담으려고 보온병을 꺼낸 순간 내 것이 완전 구식이며 아웃도어용이 아니란 걸 알았어. 얼마나 창피했는지 몰라. 여행을 마치고 집에 돌아가자마자 아웃도어용으로 제일 좋은 것을 샀어. 보온병을 새로 사니까 내가 마치 전문가 같더라고. 그 뒤부터 루스와 자주 산에 갔어. 그리고 하나 둘씩 도보여행에 필요한 것들을 샀지. 어때! 지금은 내가 꽤 전문가 같아 보이지 않아? 하하하."

브릿마리에 이어 루스도 이야기를 꺼냈다.

"나는 오토바이 타는 것을 잠깐 즐긴 적이 있어. 오토바이 타는

브릿마리(왼쪽)와 루스.
맑은 하늘과 바람, 아름다운 꽃들이 한들거리고 산자락을 따라
흐르는 냇물 소리와 눈 녹아 쏟아져 내리는 작은 폭포들!
아름다운 날이 한 걸음 한 걸음씩 지나간다.

사람들이 입는 까만 가죽 바지와 날개를 수놓은 재킷과 블링블링 빛나는 은빛 장신구 그리고 질주하며 부딪히는 바람을 온몸으로 느낄 수 있는 쾌감! 뭐 이런 것들에 매료되어서 내 나이 예순에 오토바이를 타게 되었지. 처음으로 검은 가죽 바지와 날개가 수놓인 화려한 점퍼를 입고 은빛 징이 박힌 가죽 부츠를 신은 날, 난 내가 무지하게 폼 난다고 생각했어. 좀 흥분되는 마음으로 헬멧을 썼지. 멋진 바이커의 모습을 상상하며 기대감에 부풀어 거울 앞으로 갔어. 그런데 헬멧을 써 찌그러지고 핑크빛 얼굴을 한 고릴라가 서 있는 거야. 실망과 동시에 너무 웃기는 모습이더라고. 킥킥킥."

루스가 실감나는 제스처와 함께 전하는 얘기를 들으며 우린 배꼽 잡고 웃고 또 웃었다. 루스는 3년 정도 오토바이를 탔는데 대형 사고를 두 번 목격한 뒤에 그만두었다고 한다. 루스! 멋진 보스의 기질도 있지만 귀여운 할머니다. 그녀가 살아가는 모습이 참 부럽다. 나이 60에 오토바이를 타는 용기도 부럽다. 우리 셋은 걷다가 잠깐 잠깐 쉬면서 많은 대화를 나누며 서로 닮기도 하고 또 다르기도 한 점을 알아가며 소통하는 귀한 시간을 보냈다.

마리에타가 주고 간 무릎 보호대가 큰 도움을 주고 있지만 무릎이 자꾸 비틀거려서 휘청댔다. 스틱을 사용하지 않았으면 몇 번 넘어졌을 것이다. 무릎이 뒤틀릴 때마다 칼로 찌르는 통증이 느껴졌다. 이러기가 벌써 사흘째다. 무릎의 통증으로 나의 걸음이 루스와 브릿마리보다 느린데도 그녀들은 나를 기다리며 챙겨주었다.

"킴! 그러다 무릎 연골이 찢어지면 어떻게 해?"

쿵스레덴의 남쪽 대문을 통과하다

헉! 겁나는 말이었다. 혹시 있을지 모르는 심각한 무릎 부상을 방지하기 위해서 목적지인 헤마반 도착 3km 전에 있는 스키 리프트를 타고 가기로 했다. 반대편에서 스키 리프트를 타고 산으로 올라오는 사람들이 많았다. 이들은 헤마반에서 출발해 비테르샬레스투간에서 자고 쿵스레덴을 걸어가기 위해 온 사람들과 하루 일정으로 산에 오르는 사람들이다. 경치 좋은 산의 정상에 아주 쉽게 리프트를 타고 올라와 준비해온 간식을 먹으며 누워 책을 보거나 잠을 자거나 가볍게 산책을 하다 내려간다.

산에서 내려와 헤마반으로 내려가는 길은 여러 갈래이다. 비테르샬레스투간 숙소에서 11km 정도 걸어와 중간에 있는 스키 리프트를 타고 내려가는 방법과 그 스키 리프트 아래로 난 경사가 제법 있는 직선 거리를 걸어서 내려가는 방법이 있다. 스키 리프트에서 왼편으로 산 등줄기를 타고 4km 정도 가면 쿵스레덴의 입구가 나온다. 우린 스키 리프트를 타고 내려갈 것이니 편하고 빠를 것이다. 아쉬운 마음이 들어 통나무에 잠시 걸터앉았다. 맞은편 노르웨이에 위치한 산에 소나기가 내렸다. 높은 산맥 사이에 듬성듬성 자리를 잡은 호수의 물빛이 햇살에 반짝인다. 강 하구의 삼각주에 자리 잡은 낚시용 통나무집은 녹색과 보색인 자주색으로 화려하다. 이제 리프트를 타고 10분만 가면 쿵스레덴의 긴 여정이 끝난다. 늘 긴 여정의 끝에 서면 미련이 남는다. 세 여자가 말없이 앉아서 산 아래를 바라보며 감상에 빠졌다. 아마도 잠깐이었을 것이다. 루스가 먼저 침묵을 깨고 우리의 어깨를 두드리며 일어섰다.

헤마반 도착 3km 전에 있는 스키 리프트를
타고 내려가기로 했다. 이제 리프트를 타고 10분만 가면
쿵스레덴의 긴 여정이 끝난다.

리프트를 처음 타는 것도 아닌데 좀 두려웠다. 이런 나를 위해 루스가 함께 타고 가고 브릿마리는 혼자 타고 내려가기로 했다. 리프트에 올라앉아 덜커덕거리며 안전 지지대가 앞으로 내려오자 하강하기 시작했다.

"모든 것이 잘되었다!"

스스로에 대한 위안의 말과 함께 왈칵 눈물이 쏟아졌다.

"아유~ 우리 예쁜 딸! 넌 복을 많이 받고 태어났단다. 그러니까 너는 앞으로 모든 것이 잘될 거란다."

옷매무새를 고쳐주거나 머리를 쓰다듬으며 내게 자주 들려주었던 엄마의 말이 떠올랐다. 난 엄마가 빌어준 그 덕담으로 이번 여행도 잘 마무리했구나 하는 생각이 들었다. 돌아가신 엄마에 대한 고마움, 그리움, 아쉬움으로 눈물이 났다. 생전에는 고맙다는 말을 제대로 한 적도 없는 것 같은데 새삼스럽게 이역만리 타향에서 죄스런 마음이 밀려왔다. 왜 그리 서럽게 눈물이 나는지……. 루스가 내 어깨 위로 손을 올리며 토닥여주었다. 그 따뜻함에 또 눈물이 났다. 그래 모든 것이 고맙다. 우선, 돌아가셨지만 내 부모님! 내 사랑하는 가족이! 길에서 만난 모든 인연이 ! 아름다운 자연이! 모두 모두가 고맙다.

리프트에서 내려 헤마반 STF 숙소나 버스 정류장, 시장, 레스토랑 등을 가기 위해서는 약 1km 정도 도로를 따라가면 된다. 버스 정류장 근처 주유소에 있는 편의점에 공중화장실이 있다. 테르나뷔로 가는 버스시간까지 편의점과 슈퍼마켓을 둘러보았다. 주차장에는 휴가 온 차량들이 많았다. 이동주택 차량을 달거나 혹은 보트를 실은 차량을 달고 있는 차들이다. 이곳에는 여름별장과 캠프장이 곳곳에 있다. 30분 거리에 노르웨이가 있으니 노르웨이로 휴가를 떠나는 차량도, 노르웨이에서 휴가를 온 차량도 많았다. 테르나뷔로 가는 버스는 작은 셔틀버스였다. 버스를 타고 가다 오스나브뤼크 여인 하나가 혼자 걸어가는 것을 보았다. 손을 흔들고 소리를 쳐봤지만 골똘하게 생각에 젖었는지 돌아보지 않고 걸어갔다.

20분이 좀 넘었을까. 버스는 테르나뷔 인포메이션센터 앞에 정차했다. 인포메이션센터에서 테르나뷔에 있는 STF 숙소^{TÄRNABY} FJÄLLHOTELL로 예약을 하고 바로 옆 사미 족들이 운영하는 기념품점을 둘러보았다. 그들이 만든 수공예품을 파는 곳이라 했지만 특별한 것은 별로 없었고 중국에서 만들어온 비단 주머니와 남아프리카공화국에서 온 물소 가방 등이 있어서 실망스러웠다. 출입구에 내일 이곳에서 열리는 특별한 공연안내 포스터가 붙어 있었다. 공연내용은 음악과 함께하는 이야기가 있는 저녁이다. 기념품 가게의 사미 족 여인은 우리 일행에게 보기 힘든 공연이니 꼭 오라며 권했다.

테르나뷔, 알파인 스키의 본고장

테르나뷔 인포메이션센터에서 E12번 도로를 20여 분 따라가면 왼편 도로 가장자리에 테르나뷔 숙소가 있다. 우리는 가족실인 4인실로 배정받았다. 이틀 묵는데 내 몫의 숙박료는 475유로다. 저렴한 가격이다. 로비에서 오스나브뤼크 여인 마리에타를 만났다. 한

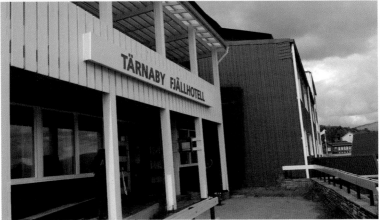

🔺 리프트에서 내려 헤마반 버스 정류장까지는 약 1km 정도다.

🔺 작은 셔틀버스를 타고 테르나뷔 인포메이션센터 앞에서 내렸다.
이곳에서 E12번 도로를 20여 분 따라가면 왼편 도로 가장자리에
테르나뷔 숙소가 있다.

나는 산책을 갔다고 한다. 산책 나간 한나를 우리가 차에서 본 것이다. 이 두 여인도 헤마반에서 머물지 않고 이곳에서 이틀째 쉬는 중이라고 한다. 저녁을 함께하자며 같은 시간에 예약을 했다. 도보여행자들의 만남과 헤어짐이 늘 좋은 것만은 아니다. 성격이 유난히 모가 난 사람과의 만남은 유쾌하지 않고 여럿이 자는 방에서 유난히 코를 고는 사람이라면 오! 노! 절대로 피하고 싶은 인물이다. 은근히 같은 방에서 자게 될까봐 도망가는 경우도 있으니 말이다. 난 오스나브뤼크 여인들과도 나흘 밤을 같이 보냈고 길에서도 많은 대화를 나누었다. 은빛 달처럼 차가운 여인들이지만 좋은 시간이었다.

테르나뷔 숙소는 겨울 스키어들이 찾는 유명한 호텔인데 일반 호텔과 유스호스텔 두 종류로 운영한다. 스키 리프트도 가까이에 있다. 로비나 바, 레스토랑에는 유명한 스키어들의 사진이 걸려 있다. 레스토랑에서 우리 다섯 여인이 모였다. 55, 56, 61, 67, 68세의 여인들이다. 모두 결혼을 했는데 루스는 이혼을 했다. 그녀는 이혼에 대해 "우린 너무 친구처럼 지냈어. 그러나 남자는 친구보다 연인을 그리워하지"라며 간단하게 말했다. 심오한 뜻? 우리 역시 단순하게 듣고 넘긴다. 그러나 이심전심으로 어느 정도 이해할 수 있는 말이다.

브릿마리만 자녀가 없고 나머지는 아이들을 키우고 일을 하며 살았다. 두 사람은 은퇴를 했고 나머지는 파트타임으로 일을 한다. 여기 모인 우리는 이렇게 걷는 것이 목적이 되는 여행을 즐긴다. 긍정적으로 삶을 살기에 이렇게 늙어가는 것도 괜찮다고 생각한다. 1년에 한두 번 야생의 삶과 낯선 곳을 배회하는 것을 걸스카우트처럼 즐긴다. 사회에서 자원봉사도 하고 가족들과도 좋은 시간을 보내지만 자신의 시간을 그리고 열정을 더 이상 희생하고 싶지는 않다고 했다.

재밌는 것은 도보여행은 남편과 하지 않는다는 것이다. 성격이 잘 맞는 여자 친구와 하든가, 아님 혼자 하는 것이 좋다고 한다. 그래서일까? 함께 도보여행하는 커플들은 모두 동성의 친구들이 많다. 남녀가 커플이 되는 경우는 젊거나 아님 여러 커플이 모여 다니는 경우였다. 브릿마리는 돌아가면 남편과 함께 일주일 동안 바닷가로 가서 휴식을 취할 것이라고 한다. 한나도 남편의 고향에 있는 농가로 가서 쉴 것이라고 했다. 도보여행에서 느끼는 홀가분한 자유로움이 큰데 남편과 동행을 한다면 배낭보다 더 무거운 배낭을 메고 걷는 기분이 들 것이라고 한나는 말했다. 나는 주로 혼자 떠난다. 그게 편하다. 길에서 이렇게 좋은 친구들을 만나는 경험이 늘 있기에 불편하거나 외롭지 않다. 그래서 긴 장거리 여행은 홀로 떠나는 것이 좋다. 오랫동안 식사를 하며 유쾌한 수다를 즐겼다. 우린 함께 걷고 잠을 자며 관찰한 결과 같이 도보여행하기 좋은 파트너임이 증명되었으니 앞으로 새로운 길에서 다시 만날 것을 기약하며 '스콜!'을 외쳤다.

아침에 한나와 마리에타가 떠났다. 오전에 나는 혼자서 헤마반에 있는 쿵스레덴 게이트를 다녀오기로 했고 루스와 브릿마리는 세탁도 하고 느긋하게 쉬고 난 다음 스키 박물관과 상점들을 둘러보기로 했다. 오후에는 숙소에서 만나 일찌감치 저녁을 먹고 '음악과 이야기가 있는 저녁' 공연을 보러가기로 했다. 내가 먼저 밖으로 나왔다. 마침 테르나뷔에서 헤마반으로 가는 버스시간까지 여유가 있어 테르나뷔의 교회와 인근의 스포츠용품점을 둘러보았다. 테르나뷔는 500여 명이 사는 작은 마을이다. 그러나 스웨덴 겨울 스포츠 스타들의 고향으로 유명하다. 스웨덴이 겨울 스포츠인 알파인 스키로 세계무대를 주름잡을 수 있도록 막강한 영향력을 발휘한 고장이다. 동네를 지나는 E12번 도로 옆에 늘어선 전신주에는 올림픽 금메달을 딴 스키 선수들의 사진을 걸어놓았는데 마치 그들이 테르나뷔를 안내하는 듯했고 상가의 벽이나 곳곳에 스포츠 스타들의 사진이 걸려 있었다. 마을 도로에는 스키 장비를 이용해 꾸며놓은 화단이나 이정표도 있었다.

이곳 스포츠 스타들 중에 잉에마르 스텐마크Ingemar Stenmark가 으뜸으로 돋보이는데 그는 알파인 스키에서 회전활강Slalom and Giant Slalom이 주특기로 86개의 메달을 획득한 전설적인 인물이다. 또한 사미 족의 후손인 안야 페르손Anja Pärson도 올림픽과 월드 챔피언십에서 금메달 여덟 개를 따고 42번의 승리를 거둔 인물이다. 이 두 사람의 대형 사진이 거리 곳곳을 장식하고 있다. 그 외 잉에마르의 사촌인 뱅트 피엘베리Bengt Fjällberg도 잉에마르의 그늘에 가렸지만 훌륭한 선수이자 챔피언이었으며, 알파인 스포츠 해설가로 유명한 스티그 스트란드Stig Strand와 또 한 명의 유명한 스키어 옌스

테르나뷔는 500여 명이 사는 작은 마을이다.
테르나뷔는 겨울 스포츠 스타들의 고향으로 유명한데,
스웨덴이 알파인 스키로 세계무대를 주름잡을 수 있도록
막강한 영향력을 발휘한 고장이다.

뷔그마르크^{Jens Byggmark} 역시 테르나뷔의 자랑이다. 위의 인물들이 스웨덴을 알파인 스키 강국으로 이끈 대단한 역할을 한 사람들인데 모두 이 작은 마을 테르나뷔 출신이다.

이 유명 스키어들은 물론이고 스키와 관련된 역사를 살펴볼 수 있는 박물관도 있다. 테르나뷔의 E12번 도로에서는 훈련하는 스키 선수들이 롤러가 달린 스키를 타고 달려가는 것을 심심치 않게 볼 수 있다. 눈이 없는 계절에는 낚시꾼과 쿵스레덴을 걸으려는 도보여행자들이 찾아오지만 겨울에는 이 작은 마을의 주민보다 몇 배나 많은 스키어들이 몰려든다. 스웨덴 최고의 스키 스타들이 훈련을 받았고 지금도 국가대표들을 키워내는 스키 리조트들이 모여 있는 곳이기 때문이다. 그러니 다양한 형태의 숙박시설이 갖추어져 있다.

버스를 타고 헤마반의 주유소에서 내렸다. 헤마반에서 쿵스레덴 게이트로 가는 또 다른 스키 리프트가 있는 뒷길을 따라가면 된다. STF 숙소의 반대편 언덕길을 따라 올라갔다. 북쪽 아비스코에서 떠날 때 쿵스레덴 게이트를 통과하며 나름 장도^{壯途}에 오르는 기분을 내었는데 길을 마치며 무릎 부상을 방지하기 위해 후딱 리프트를 타고 내려온 것이 아쉬웠고 쿵스레덴 남쪽 끝에 있는 게이트에 대한 호기심으로 찾아가는 길이다. 버스 정류장에서 걸어서 멀지 않은 곳에 있는 헤마반의 랜드마크 같은 건물인 노란 원통형 전망대 바로 옆에 쿵스레덴 게이트가 있었다. 모양새는 실망스럽지만 길의 시작과 끝을 알리기에는 부족하지 않다. 아쉽게도 게이트를 통해 내려오거나 올라가는 사람이 없었다. 그래도 좀 기다렸다. 마침 차를 타고

테르나뷔에서 머무른 둘째 날, 나는 혼자서 헤마반에 있는
쿵스레덴 게이트에 다녀오기로 했다. 무릎 부상을 방지하기 위해
후딱 리프트를 타고 내려온 것이 아쉬웠고 쿵스레덴 남쪽에 있는
게이트를 직접 보고 싶었다.

온 가족들이 있어 기념사진 한 장을 찍었다.

돌아오는 길 혜마반의 슈퍼마켓에서 장을 보았다. 오늘 저녁은 루스와 브릿마리가 준비해서 나를 손님으로 초대한다고 했기에 과일과 후식을 좀 샀다.

혜마반에서 다시 테르나뷔로 오는 버스에서 있었던 일이다. 버스에 올라서는데 갑자기 운전기사가 나이를 물었다.

"왜 나이를 물어보세요?"

"버스요금을 20크로나를 받아야 할지 40크로나를 받아야 할지 몰라서요."

"네, 55세인데요."

"아! 55세요? 그럼 40크로나입니다."

버스의 앞줄에 타신 분들이 내 나이를 듣고는 한마디씩 했다. 여행을 하며 들어본 최소기록인 25세도 아니고 고등학교 학생 정도로 봤다는 것이다. 듣기에 민망할 정도라서 고개를 숙였다. 얼굴 보고 "에이 잘 못 봤네" 할 것 같기도 해서 말이다. 애들 말로 헐! 허걱! 뭐 그런 표현이 맞을 일이다. 시골 마을버스에 올라타자며 갑자기 스타가 되었다. 이런저런 질문들이 쏟아졌다. 그동안 쿵스레덴에 오기 위해 공부한 것을 바탕으로 이 지역 라플란드의 역사와 사미 족과 광산 이야기를 했다. 한 할아버지가 서울에서 출발할 때 스웨덴 대사관에 들러서 도움을 받았는지를 물었다. 그렇지 않았다고 하니 명함을 꺼내 주셨다. 집으로 돌아가 스웨덴에 관해 궁금하거나 자료가 필요하거든 스웨덴 대사관으로 가 이 명함을 주고 도움을 받으라고 한다. 할아버지는 스톡홀름에서 사는데 테르나뷔가 고향이고 여름 별장이 이곳에 있어서 휴가를 보내고 있다고 했다. 명함에는 'Lars Lännback/Ambassadör/Dialog mellan Kulturer'라고 적혀 있었다. 문화교류대사로 봐야 하나?

이 마을 명사이신 할아버지의 배려와 마을버스 운전기사의 친절로 다른 손님까지 태우고 기존 노선을 살짝 벗어나 내가 머무는 숙소 앞에서 내렸다. 긴 도보여행을 마치고 산을 내려올 때 무릎이 아파서 마지막에 리프트 타고 내려오느라 쿵스레덴의 남쪽 게이트를 못 본 아쉬움에 그 게이트를 보고 돌아간다는 얘기를 듣고는 무리하게 걷지 말라고 데려다주신 거다. 고마운 마음에 버스가 보이지 않을 때까지 손을 흔들었다. 만약 정해진 정류장에서 내렸다면 약 2.5km 정도 걸어와야 하는 거리다. 숙소에 돌아오니 루스와 브릿마리가 내가 도착할 시간을 가늠하고 기다렸는데 생각보다 일찍 왔다며 무얼 타고 왔는지 물었다. 버스가 숙소 앞까지 데려다주었다고 하니 "넌 참 복도 많다"며 부러워했다. 두 여인이 저녁준비를 해서 식탁에 근사하게 차려놓았다. 맥주와 후식까지 준비된 만찬이다. 어제저녁도 그랬지만 늘 우리의 저녁식사 시간은 길었다. 루스가 주로 얘기를 하면 브릿마리와 난 배꼽 잡고 웃는다. 이야기를 재미있는 표정까지 지어가며 한다. 레밍과도 얘기를 하는 루스가 아니던가.

우연히 참석하게 된 '음악과 이야기가 있는 저녁' 공연에서
스웨덴의 베스트셀러 작가 미카엘 니에미의 만담을 보았다.

스웨덴 최고의 작가, 미카엘 니에미

특별 이벤트라고 강조한 공연을 가려고 준비하는데 비가 내리기 시작했다. 그래도 공연을 포기하지 않고 비옷에 앉을 자리까지 챙겨서 출발했다. 공연장으로 가는 사람들은 모두 차로 가거나 오토바이를 타고 우리 옆을 지나가는데 오직 우리 셋만이 걸어갔다. 숙소에서 1km 정도의 거리라고 들었는데 1km를 훨씬 지나서도 음악회가 열리는 곳은 나타나지 않았다. 세상에 족히 한 시간이 걸리는 거리다. 공연은 이미 시작되었다. 비가 오지 않았으면 호숫가의 마당에서 했을 텐데 비로 인해 바로 그 옆에 있는 사미 족의 커다란 통나무 오두막에서 진행되고 있었다. 공연의 입장료는 200크로나였는데 테르나뷔에서 본 기념품점 여인이 입장료를 받았다. 공연장은 만석으로 앉을 자리가 없었고 한 이야기꾼의 공연이 진행 중이었다. 자리를 찾으며 서성이는데 공연장 뒤에 서 있던 한 남자가 의자를 들고 와 앞장서서 가며 따라오라고 했다. 그를 따라가는데 뒷자리에 앉은 사람들이 돌아보고는 갑자기 사진을 찍어댔다.

내 뒤를 따라오던 루스와 브릿마리도 사람들이 들이대는 카메라에 놀라 그를 보았다.

"어머나! 미카엘 니에미야."

"킴! 저 사람은 스웨덴에서 유명한 베스트셀러 작가야."

"어머머. 여기서 니에미를 만나다니, 킴, 니에미는 매우 인기 있는 작가야. 그리고 만나기 힘든 작가인데."

루스와 브릿마리는 자못 흥분하며 속삭였다.

맨 뒤에 앉아 공연을 보기 시작했는데 루스가 영어로 통역을 해주었지만 아쉬워도 주변에 민폐를 끼치고 싶지 않아 통역을 해주지 않아도 된다고 했다. 사람들은 이야기꾼의 얘기가 재미있는지 자지러지게 웃어댔다. 이야기의 내용이 재미있는지는 모르지만 이야기꾼의 말하는 표정은 그렇게 재미있어 보이지 않았다. 첫 번째 이야기꾼이 내려가자 연주자들이 통기타를 치며 노래를 불렀다. 루스에게 노래와 이야기가 연관되는지를 물으니 그렇지는 않다고 한다. 노래는 귀에 익은 올드 팝도 있었다. 노래가 끝난 뒤 두 번째 이야기꾼이 나와 얘기를 하고 다시 노래를 했다.

세 번째 이야기꾼으로 니에미가 올라왔다. 그는 시골영감 서울 상경기 같은 이야기를 했다. 스웨덴 라플란드 산촌 사람이 뉴욕으로 여행가서 겪는 해프닝이었다. 영어와 스웨덴 영어가 섞여 있어 중간중간 알아들을 수 있었다. 그의 이야기는 몸짓과 음성변조 다양한 동작이 합쳐져 청중의 시선을 붙잡았고 이야기 속으로 그들을 끌어들였다. 니에미는 베스트셀러 작가이지만 훌륭한 만담가이기도 했다. 잘 알아듣지 못하는 나조차 음성변조와 동작만으로 시선을 집중하게 하니 말이다. 그의 이야기가 끝나자 다시 노래가 이어졌다. 이야기꾼 세 명이 번갈아 등장해 이야기를 들려주고 중간중간 몇 곡의 노래를 들려주는 공연이었다. 니에미는 객석을 향해 여행자들은 손들어보라고 했다. 우린 맨 뒤에서 손을 번쩍 들었다. 타향에서 온 여행자는 일곱 명이었다.

공연이 끝나고 니에미는 사람들 사이로 돌아다니며 친절하게 애

공연이 끝나고 나오니 비가 그친 하늘에 쌍무지개가 떴다.
쌍무지개를 보면 행운이 온다던 친구의 말이 떠올랐다.

기를 나누었다. 나도 니에미 그리고 그의 아내와 함께 이야기를 나누는 시간을 갖게 되었다. 루스가 나를 한국에서 온 여행작가라고 소개하며 이번에는 쿵스레덴을 소개하기 위해서 여기에 왔다고 하니 반갑게 손을 내밀며 쿵스레덴을 멋지게 소개해달라고 부탁했다. 그의 책은 40개 나라에서 번역되었는데 한국에서도 번역되었으니 고향에 돌아가면 찾아보라고 한다. 니에미에 대해 전혀 모르고 있었지만, 열정적 이야기꾼의 모습과 공연장에서 베푸는 작지만 친절한 행동을 보고 그의 책을 읽고 싶어졌다. 비가 와도 포기하지 않고 온 보람이 있었다.

공연이 끝나고 나니 비가 멈추었다. 모두 쌩하니 차를 몰고 떠났지만 우린 또 천천히 걸어서 숙소로 향했다. 돌아가는 길에 루스는 오늘 니에미를 만난 것은 매우 흥분되는 경험이라며 그에 대해 이야기하기 시작했다. 그는 스웨덴에서 권위 있는 스웨덴 최고의 문학상인 아우구스투상을 받았다고 한다. 그의 책을 책방에서 살 때 "저자의 이름과 제목은 잘 기억이 나지 않는데요. 노란 책이고요, 되게 웃기는 책이래요" 해도 그가 쓴 책을 갖다 줄 정도로 베스트셀러라고 한다. 돌아가는 길, 밤 10시가 넘은 시간인데 무지개가 떴다. 그것도 쌍무지개다. 무지개를 보면 그것도 쌍무지개를 보면 행운이 찾아온다고 했다. 아름다운 쌍무지개가 뜬 호숫가를 따라가며 내게도 그런 멋진 행운이 있기를 바라본다.

ⓘ 구간 안내

- 비테르샬레츠투간Viterskaletstugan → 헤마반Hemavan
- 거리: 11km
- 헤마반Hemavan → 테르나뷔Tärnaby
- 헤마반에서 테르나뷔행 버스(지역 버스 85번 | 요금: 40크로나)
  1 | 11/45~12/05   2 | 15/15~15/40
  3 | 15/30~15/50   4 | 20/20~20/40
- 테르나뷔에서 헤마반행 버스
  1 | 12/45   2 | 14/25   3 | 16/00   4 | 19/50

🏨 숙소 정보

STF Hemavan Vandrarhem

- 침대: 197개 | 방: 73개
- 싱글룸: 330크로나 이상 | 더블/트윈룸: 215크로나 이상 | 침대: 175크로나 이상
- 전화번호: 0954~300 02
- info@hemavansfjallcenter.se
- 단체용 기숙사
- 비회원: +50크로나

  * 전기와 통신, 무료 와이파이를 이용할 수 있다.

TÄRNABY FJÄLLHOTELL

- 싱글룸: 350크로나 | 더블/트윈룸: 235크로나 이상 | 침대: 195크로나 이상
- 전화번호: 0954~104 20
- reception@tarnabyfjallhotell.com
- 단체용 기숙사
- 비회원: +50크로나

  * 전기와 통신, 무료 와이파이를 이용할 수 있다.

스웨덴 남쪽 끝, 말뫼로 가는 길

루스와 브릿마리를 위해 스콜!

스웨덴 북쪽 끝에 있는 아비스코에서 출발했으니 남쪽 끝도 가보고 싶었다. 그래서 이제 남은 일정은 남쪽의 여러 도시 중에서 의미가 남다른 말뫼로 가보는 것이다. 말뫼는 바다를 경계로 유럽의 본토와 코끝을 마주하는 지점에 있는 항구도시다. 이곳에서 말뫼까지 가는 경로는 테르나뷔에서 12시 25분에 출발하여 스토루만^{Storuman}으로 간 뒤 그곳에서 15시 35분에 출발하는 외스테르순드^{Östersund}행 버스로 갈아탄다. 외스테르순드에서는 23시 19분에 출발하는 야간열차를 타고 스톡홀름으로 간다. 스톡홀름에서 하루나 이틀 정도 머물다 가도 되겠지만 나는 바로 떠난다. 스톡홀름에 아침 5시 30분에 도착하면 말뫼로 가는 기차는 한 시간 뒤에 있다. 내 일정에 대해 루스와 브릿마리는 예테보리로 함께 갔다가 말뫼로 가는 것이 어떠냐고 했지만, 여행의 끝이라 피곤한데 집에 돌아가면 쉬고 싶을 그들에게 함께 가면 불편한 신세를 질 것 같아서 다음에 들르겠다고 했다.

테르나뷔의 버스 정류장에서 외스테르순드까지 가는 버스표는 한 번 갈아타는데도 한 장으로 끊을 수 있어 편했다(요금: 369크로나). 이층 버스였다. 이층으로 올라가 맨 앞에 앉아 관광버스를 탄 듯 경치를 즐기며 갔다. 스토루만에서 점심을 먹고 인근 기념품 가게를 들러 소소한 기념품을 샀다. 그러고는 다시 외스테르순드로 가는 버스로 갈아탔다. 도시를 달리는 버스는 시골 버스와 달리 우편배달부 일은 하지 않았다. 버스를 타고 편하게 외스테르순드 기차역까지 갔다. 우선 기차표를 사야 하는데 제법 큰 기차역인데도 역무원이 보이지 않았다. 근무시간이 지난 시간이라 기차표는 자동발매기를 통해 사야 했다. 루스와 브릿마리는 예테보리에서 출발할 때 왕복일정으로 기차표를 끊었기 때문에 이미 야간 열차 침대칸을 배정받은 표를 갖고 있다.

기계치인 나를 위해 브릿마리가 자동발매기를 통해 일정에 맞는 기차표를 사도록 도와주었다. 내가 타는 기차는 외스테르순드에서 스톡홀름으로 가는 야간 기차로 23시 19분에 출발하여 스톡홀름에 5시 30분에 도착한다. 이 기차는 이어서 스톡홀름에서 룬드까지 가는 X2000 고속기차다. 기차 요금은 1263크로나다. 나는 침대차가 아닌 2등석에 앉아서 간다. 침대차에 자리가 없기 때문이다. 친구들은 피곤할 것이라 염려해주었지만 한 여섯 시간 정도 거리쯤이야 괜찮다.

이제 남은 시간 외스테르순드를 둘러보며 저녁을 먹기로 했다.

테르나뷔에서 외스테르순드까지 가는 버스는 이층버스였다.
이층으로 올라가 맨 앞에 앉아 관광버스를 탄 듯 경치를 즐기며 갔다.
중간에 스토루만에서 점심을 먹고 인근 기념품 가게에 들러 소소한 기념품을 샀다.

무거운 배낭은 기차역의 보관함에 넣었다. 나는 잔돈이 있어 보관함에 바로 넣을 수 있었는데 루스와 브릿마리는 카드를 이용해 보관함을 사용하려고 했다. 그런데 어찌 된 일인지 자꾸 카드 결제가 되지 않아 보관함을 이용할 수 없었다. 루스와 브릿마리가 지닌 카드를 전부 사용해보았지만 실패했다. 우리 세 사람이 가진 잔돈을 합해도 보관함에 넣을 돈이 부족했다. 기차역 앞에 늘어선 택시 기사들에게 잔돈으로 바꿔 줄 수 있는지 물었지만 그들도 잔돈이 없어 바꿀 수가 없었다. 역사 안 구석에 앉아 책을 보던 히피 족 같은 젊은 남자에게 가서 필요한 잔돈을 겨우 구해 보관함에 짐을 넣을 수 있었다. 어렵사리 보관함에 배낭을 집어 넣고 밖으로 나왔다.

이제 스웨덴의 북극권을 완전히 통과해서인지 백야 현상도 슬슬 사라졌다. 어두워지는 외스테르순드의 골목길을 맞난 저녁의 냄새를 찾아 어슬렁거렸다. 날씨가 추운데도 담요 한 장씩 두르고 야외 탁자에 앉아 식사를 하는 곳을 보았다. 루스가 "이 집 냄새가 제일 그럴 듯한데" 하며 식당으로 들어갔다. 우리도 야외에 앉겠다고 해서 자리를 배정받았다. 종업원이 주문을 받으러 오며 아예 초록색 담요 세 장을 들고 왔다. 덴마크의 명물 칼스버그 맥주 회사에서 제공하는 담요다. 쌀쌀했지만 이왕이면 칼스버그 맥주를 먹어보자며 루스가 주문했다. 우린 '스콜'을 하며 맥주를 마셨다. 루스는 스콜은 주로 군인 남자들이 하는 건배방식이었다고 설명하며 옛날 자신의 부모님 세대에 여자들은 술을 숟가락으로 홀짝거리며 떠 마셨다고 한다. 술을 한 잔 다 마시니 찬 기운이 온몸으로 퍼져 무릎 위에

외스테르순드에서 루스, 브릿마리와 마지막 식사를 함께했다.
루스와 브릿마리는 내게 선물이라며 사미인들이
순록 뿔로 만들었다는 목걸이를 내밀었다.

놓았던 칼스버그 담요로 온몸을 감쌌다.

　루스와 브릿마리가 의미 있는 웃음을 교환하더니 내게 선물이라며 작은 봉투를 내밀었다. 사미인들이 순록 뿔로 만들었다는 목걸이다. 눈물이 핑 돌며 감동이 쓰나미처럼 밀려왔다. 스토루만의 기념품점에서 두 사람이 의기투합하여 내게 선물할 목걸이를 고르는데 내가 가게로 들어서서 깜짝 놀랐다고 한다. 난 전혀 눈치채지 못했고 사미인들이 털실로 짜서 만든 옷과 가방 들을 둘러보다 나왔다. 난 이 두 사람을 위해 선물을 준비하지 않았고 선물로 준비해 간 북마크도 이미 다 써서 없었다. 당황스럽고도 고마운 마음이 들었다. 저녁은 닭고기와 쇠고기 그리고 튀긴 감자와 같은 전형적인 서양 음식이지만 맛난 요리였다. 기차시간에 맞추어 역으로 돌아왔다. 기차는 제시간에 도착했고 우린 침대차와 일반차로 나누어 올라탔다. 늘 붙어 있다 일반차에 홀로 앉아 있으니 뭔가 허전했는데 루스와 브릿마리가 내 자리로 찾아왔다. 잘 자라는 인사를 하러 왔다며 나를 안아주고 갔다. 친구들이 여러 가지로 신경을 써주니 그새 허전함은 사라지고 든든했다.

　우린 이른 아침 스톡홀름 역에서 모두 내렸다. 그곳에서 기차를 바꿔 타기 때문이다. 예테보리로, 말뫼로 이제 제 갈 길을 따로 간다. 기차를 바꿔 타기 전 40여 분의 시간. 루스와 브릿마리는 공사 중어서 복잡한 스톡홀름의 중앙역을 한 바퀴 둘러보고 오더니 내가 기차를 타야 할 승차장이 어딘지 찾아보고 자세하게 일러주었다. 두 사람이 나보다 10분 먼저 기차를 탄다. 우린 마지막으로 따뜻한 커피로 '스콜!'을 한 뒤 헤어졌다. 좋은 친구를 만나기란 참으로 힘들다. 감사하게도 낯선 먼 타향에서 힘든 여행을 하다 짧았던 기간이지만 좋은 친구들을 만났다. 그녀들이 있어 풍요로운 여행이었다. 루스와 브릿마리를 향해 스콜!

매력만점 기차호스텔

스톡홀름에서 말뫼로 가는 기차는 X2000이다. 이 X2000은 스웨덴 철도회사인 SJ에서 운영하는 시속 200km급 고속열차다. 스톡홀름과 말뫼 사이 614km를 네 시간 20분에 달린다. 나는 세계의 기차를 거의 다 타보았을 정도로 기차여행을 많이 했다. 그런데 이 X2000을 탄 후로 속이 불편하고 어지러웠다. 기차 멀미를 하는 것 같았다. 컨디션이 좋지 않은 걸까? 차장 밖은 회색빛으로 우울한 풍경이다. 비도 내린다. 기차 멀미는 사라지지 않고 화장실에가서 헛구역질까지 할 정도로 속이 메스꺼웠다. 즐거운 친구들과 헤어져서인가 통 기운도 없다.

오늘 목적지는 말뫼 도착 20분 전쯤에 있는 룬드Lund다. 이제 본격적으로 여름 여행시즌이다. 그래서 말뫼에 있는 저렴한 유스호스텔은 만원일 것 같아서 말뫼보다 저렴한 잠자리가 더 있을 것으로 생각한 룬드로 간다. 이미 몇 곳의 숙소를 점찍어두었다. 그 첫 번째가 기차 유스호스텔이다. 이 호스텔에 대한 정보는 쿵스레덴을 걸으며 STF 숙소 안내책자에서 보았다. 계획대로라면 룬드에서 잠을 자고 대중교통을 이용해 말뫼로 나들이를 가면 된다. 기차 멀미를 하며 힘겹게 룬드에 도착했다. 그것도 30분이나 늦게 말이다. 스톡홀름을 출발해 룬드에 도착하도록 비가 내렸다. 기차호스텔은 찾기도 좋게 룬드 기차역 뒤편에 있다. 방이 없을 수도 있어 염려되었지만 그렇다면 다른 곳으로 이동하면 된다는 마음으로 갔다.

나는 비행기를 타고 여행하는 것보다 기차여행을 좋아한다. 왠지 모를 깊은 향수가 느껴지기 때문이다. 지금은 세련된 모양의 기차들이 더 빠르게 경쟁을 하듯이 철로 위를 달리지만 내 어린 시절 가족들과 무궁화호, 통일호, 새마을호를 타고 시골여행을 했던 추억이 따뜻한 그리움으로 떠오르곤 한다. 어린 시절 기차여행을 하며 끝없이 뻗은 기찻길을 따라 이 지구를 돌아보고 싶은 야심찬 계획을 세우기도 했다. 내 어린 시절 꿈은 중년을 넘어 이루었는데 기차는 나를 첫 번째로 홀로 떠나는 여행으로 이끌었다. 기차를 타고 유럽을 종횡무진 돌아다녀봤고 시베리아 횡단열차도 타보았고 일본과 미국, 캐나다도 돌아다녀봤다. 이렇게 돌아다니다보니 지구 위에 놓인 기찻길의 80퍼센트 이상을 타본 셈이 되어 미국과 캐나다를 다녀온 여행 기록을 출판하기도 했다.

이렇게나 기차를 좋아하는 나에게 기차의 객차를 이용해 여행자들을 위한 호스텔로 쓰는 숙소는 매우 매력적이다. 룬드의 기차역에는 에스컬레이터와 엘리베이터로 올라가는 육교가 있어 기차역의 건너편으로 쉽게 이동할 수 있다. 육교를 지나면 한적해 보이는 공원의 숲에 이른다. 안개비가 내려 촉촉하게 젖은 풀잎마다 빗방울이 맺혀 또르르 굴러떨어지는 숲길을 잠시 걸으니 붉은 밤빛의

객차가 손님을 태우려 잠시 정차한 듯 서 있었다.

나를 안 태워주면 그만 눈물이라도 날 것같이 향수에 젖게 하는 풍경이다. 객차의 창밖에 붙여놓은 시간표를 보니 아직 이 열차에 탑승할 시간이 아니다. 문도 닫혀 있어 밖에서 얼쩡거리며 어떻게 할지 망설이는데 마침 안에서 나오는 사람이 있었다. 짐을 맡겨두었다 찾아가는 사람이었다. 그 틈에 객차로 들어갔다. 마침 관리인이 있어 머물 수 있는 방이 있는지 물었다. 그는 기분 좋게 방 한 칸이 남았다고 한다. 그러나 지금은 가방을 여기에 두고 룬드 구경을 한 뒤 문 여는 시간에 오라고 했다.

"내가 누구야? 복 많은 복순이야!"

쾌재를 부르며 가방을 버리듯 놓고 열차에서 내렸다. 원하던 곳에 잠자리를 마련했으니 비가 내려도 청승맞지 않았다. 룬드의 중심으로 슬슬 걸어갔다. 무릎이 자꾸 비틀거리고 그때마다 통증을 느꼈다. 그래도 기분이 좋다. 룬드 기차역에서 가까운 빵집으로 갔다. 갓 구워 나오는 빵 냄새에 이끌려서다. 빵과 커피를 사니 영수증에 화장실을 이용할 수 있는 핀PIN 넘버가 적혀 있었다. 물건을 산 사람만이 화장실을 이용하도록 한 것이다. 유럽에 있는 다른 나라들도 그렇지만 스웨덴도 화장실 인심이 고약하다. 역전 화장실도 5크로나를 내야 이용할 수 있으니 말이다. 대형 쇼핑몰에나 가야 고객용 무료 화장실을 쓸 수 있다. 그러고 보면 서울에서 화장실을 이용하는 일은 얼마나 편한가. 단 화장실 이용객들이 깨끗이 써준다면 무지하게 고맙겠는데 공중도덕이 아직 50점 정도인지라 그 시설 좋고 공짜인 화장실이 더러울 때가 많다.

잠시 룬드를 둘러보고 오늘 저녁으로 먹을 음식을 장 보기 위해 대형 슈퍼로 갔다. 이번 도보여행에서는 살이 많이 빠졌다. 바지가 헐렁해졌고 배도 들어갔다. 먹을 것을 사는 게 두렵지 않았다. 짊어지고 다니지 않아도 되니 부담 없기 때문이다. 과일에 방금 구운 빵, 요거트, 견과류 등을 사서 기차로 돌아오니 기차에 탈 시간이 되었다. 우선 기차호스텔 관리인에게 호스텔증을 보여주고 이틀을 타고 갈 것이라 얘기했다. 오케이, 탑승완료! 관리인이 방 배정을 해주었다. 오늘 나는 6인용으로 사용할 수 있는 침대칸, 쿠셋Couchette을 혼자서 사용한다.

기차호스텔은 1937년 제작된 것으로 일등칸인 쿠셋을 침실로 사용하고 있었다. 1937년 제작 당시의 모습을 유지하고 있다는 살롱과 리모델링한 부엌과 식당차가 있고, 안내 데스크와 탁구대가 놓인 쉼터용 객차, 화장실과 샤워실이 있는 전용칸이 있다. 이 호스텔의 모든 객차들은 오래전에 관광전용 열차로 사용하였던 것인데 1983년부터 기차호스텔로 운영됐다고 한다. 짐을 풀고 샤워를 하는데 불편하다. 샤워 부스에서 물을 틀면 아주 잠깐 물이 나온다. 그러니까 자주 물을 틀어야 하는 불편함이 있는 것이다.

예전에 미국 시카고에서 뉴올리언스에 갈 때 시티 오브 뉴올리언스 호를 탔는데 그곳 침대차에도 비슷한 샤워시설이 있어 경험 삼아 이용해보았다. 그때도 자주 눌러야만 물이 끊기지 않고 나왔기 때문에 어렵게 샤워를 마쳤다. 충분한 물을 싣고 달리지 않기에 절약해야 하겠지만 그래도 너무 불편하다. 그러나 이런 불편도 감수할 만큼 기차호스텔은 낭만적이다.

열차에 누워 빗소리를 들으니 잠이 절로 온다. 차창 밖에 비에 젖어 늘어진 나뭇가지가 가끔 바람에 창을 두드린다. 아늑함에 스르르 잠든다.

새롭게 다시 태어난 도시, 말뫼

말뫼의 눈물

기차를 두드리듯 내리는 빗소리에 나그네는 향수에 젖고 창밖의 자작나무는 몸을 적시는 비를 우아하게 쓸어내리듯 가벼이 춤춘다. 이 오래된 기차의 낡은 침대칸에 누워 피곤한 여정을 쉬어가는 나그네는 행복하다. 일어나기 싫을 정도로 피곤하다. 그리고 편하다. 서둘러 말뫼를 갈 일도 없다. 충분히 누워 편안함을 즐긴다. 장을 봐온 음식으로 부엌으로 가 물을 끓여 차를 마시며 아침을 먹었다.

부엌에서 코펜하겐을 통해 어제 말뫼에 왔다고 하는 스코틀랜드 젊은이를 만났다. "지금 코펜하겐은 어때?" 하니 사람들이 너무 많아 스트레스를 받을 정도였다고 한다. 하루 시간 내어 기차 타고 코펜하겐을 다녀올까 하는 생각을 했는데 다음 기회로 미뤘다. 예약한 기차시간을 기다리는 동안 탁구를 치며 시간을 보내는 프랑스 대학생들도 만났다. 그들은 여행을 하며 만나는 대부분의 스웨덴 사람들이 영어와 다른 언어도 잘하면서 누군가와 쉽게 얘기하지 않고 웃지도 않더라고 했다. 프랑스인은 영어는 물론 다른 언어를 잘하지 못해서 사실 외국인을 잘 대하지 못한다면서 말이다. 그들에게 나의 경험도 이야기해주었다. 내가 에스파냐의 산티아고 가는 길에서 만난 프랑스인들이나 또 프랑스 여행을 할 때 만난 현지인들도 대체적으로 친절하지 않았다고 말이다. 청년들도 사실이 그렇다고 인정했다. 두 청년은 영어도 잘했지만 사교적이어서 이야기하는 것을 즐겼다. 친절하고 적극적으로 다른 문화를 배우려는 그들의 열린 마음을 칭찬하고 싶다. 드디어 기차를 타고 말뫼로 갔다.

말뫼의 역사는 100년 전으로 거슬러 올라간다. 스웨덴은 1870년에 바다를 매립해 없던 땅을 만들어 공업용 대지로 만들었다. 그곳에 배를 만드는 회사 코쿰스가 들어섰고 코쿰스는 스웨덴을 대표하는 조선회사가 되었다. 코쿰스의 전성시절 그곳에서 배를 만드는 독과 크레인에서 일하는 사람들은 6,000여 명이 넘었고 코쿰스는 세계적인 기업으로 성장했다. 1990년까지 말뫼는 코쿰스와 함께 크게 발전했다. 그러나 유럽의 조선 산업이 사양길을 걸으면서 90년대 초반 코쿰스는 도산했다. 1970년 전에 제작된 이 회사의 골리앗 크레인은 10여 년 동안 쓸데없는 애물단지 취급을 받았다. 이 골리앗 크레인은 우여곡절 끝에 현대중공업으로 가게 되었다. 단 1달러에 낙찰되어서 말이다.

현대중공업은 해체·운반비용을 부담할 능력이 없는 코쿰스사의 형편을 감안해 이를 전부 부담하는 조건으로 단 1달러에 이 골리앗 크레인을 인수한 것이다. 옮기는 비용만 무려 3000만 달러 이상이었다고 한다. 드디어 1개월 동안 해체 작업을 한 골리앗 크레인을 2002년 11월 지금의 울산만으로 옮겨 와 6개월에 걸쳐 재조립을 하게 되었다. 이 골리앗 크레인이 울산행에 오르자 스웨덴 언론들은 '말뫼가 울었다'는 제목으로 이를 보도했다. 이로써 골리앗 크레인에 '말뫼의 눈물'이란 별명이 붙게 된 것이다. 왜 그들은 눈물을 흘렸을까? 그들이 꿈꾸던 조선산업의 강자의 자리가 한국으로 넘어가는 것을 안타까워하면서 눈물을 흘린 것은 아닐까. 그러니까 '말뫼의 눈물'은 '말뫼의 꿈'이었던 것이다. 사실 그 뒤로 한국의 조선업은 날로 발전했다. 한국에 옮겨온 말뫼의 골리앗 크레인은 많은 선박을 만드는 일에 투입되면서 울산의 꿈이 되었고 보물단지가 되었다.

말뫼의 눈물인 골리앗 크레인이 떠나고 말뫼는 더욱 쇠락해져갔다. 도시에 불어닥친 위기를 벗어나기 위해 시당국과 시민들이 나섰다. 조선소 터와 버려진 공장지대에 미래지향적인 이미지의 '탄소제로 도시'를 만들기 시작한 것이다. 말뫼의 상징인 골리앗 크레인이의 높이가 140m였는데 그것을 대신하여 새로운 명물이자 랜드마크가 생겨났다. 바로 터닝 토르소Turning Torso라는 190m 높이의 54층 주상복합 건물이다. 스칸디나비아 반도에서 가장 높은 건물이라고 한다. 근데 이게 보통의 건물이면 명물이 되지는 않았을 것이다. 터닝 토르소를 건설한 건축가는 에스파냐 사람 산티아고 칼라트라바Santiago Calatrava인데, 그는 남자가 몸을 뒤틀고 있는 흉상Twisting Torso을 보고 이 터닝 토르소를 구상했다고 한다. 이 건물

말뫼 역에서 구도심으로 가는 길목에 위치한 강(왼쪽)과 시청사 앞 분수대.

은 5개 층을 한 블록으로 하여 9개의 블록이 시계방향으로 조금씩 비틀어지는데 상층으로 올라갈수록 건물 면적이 넓어진다. 남자가 상반신을 틀며 어깨를 살짝 펼친 걸까? 암튼 매우 독특한 형태다.

형태의 독특함에 더해 상층부는 친환경 건물이다. 우선 에너지 효율이 뛰어난데 10km 거리에 있는 풍력 터빈으로 전기와 태양열, 지열을 생산해 냉난방에 쓴다. 또한 아파트 내 147가구에 설치된 분쇄기를 통해 나온 음식물 쓰레기들은 자동차 연료인 바이오 가스로 재활용된다. 아파트 주민들이 인터넷을 통해 자신들이 소비하는 전력, 물 사용량을 언제나 확인할 수 있도록 했고 복도에 설치된 발광다이오드[LED] 조명은 사람의 움직임이 30초간 감지되지 않으면 자동으로 꺼져 전력 소모를 줄이도록 했다. 이러한 시설과 주민의 노력으로 친환경아파트가 만들어진 것이다.

내가 사는 아파트도 이 터닝 토르소와 같은 친환경 아파트로 거듭나기 위해 주민회의를 했다. 조명기구를 LED로 대체하고 건물 옥상과 벽면에 태양열 집광판을 붙여 생산한 태양열 에너지를 사용하는 방법으로 에너지 효율을 높이는 아파트를 만드는 계획을 세웠다. 결과는 조명기구만 LED로 바꾸었고 음식물 쓰레기를 활용하는 방법과 태양 에너지를 모으는 일은 아직 성과를 내지 못하고 있다. 우리 아파트 역시 친환경 프로젝트를 꿈꾸었기에 말뫼의 탄소제로 도시운동을 더욱 관심 있게 보게 된다.

말뫼는 공업지대였던 웨스턴 하버를 탄소제로 도시를 구현하는 사회기반시설로 새롭게 탈바꿈시키기 위해 정부와 시민이 노력한 결과 사용 에너지 100퍼센트를 자립적으로 생산하는 도시가 되었다. 이러한 노력의 결과를 보고 배우기 위해 세계에서 말뫼로 사람들이 몰려오고 있다. 에스파냐의 빌바오를 여행한 적이 있다. 빌바오도 한국의 조선 철강이 발전해감에 따라 한때 흥성했던 도시의 쇠락을 경험한 곳이다. 빌바오는 조선철강 사업이 쇠한 자리에 문화 사업을 유치해 독특한 건축물인 구겐하임을 지어 새로운 도시로 태어났다.

구겐하임을 보기 위해 수많은 관광객이 빌바오를 찾는다. 말뫼와 빌바오는 도시 리모델링으로 새로운 도시로 거듭났다. 나는 여행을 통해서 한국의 조선과 철강 산업의 발전으로 인해 쇠락을 경험하다 다시 재기한 두 도시를 직접 둘러보며 많은 것을 배웠다. 경제, 문화, 역사 등 삶을 개척하는 모습을 나라 안에서, 또 해외를 돌아다니며 입체적으로 관찰하며 시각을 넓힐 수 있었다. 산업의 구조는 계속해서 빠르게 바뀌어가는 것 같다. 우리는 문화와 환경을 중요시하는 방향으로 다시 태어난 이 두 도시의 모습을 잘 지켜보며 배워야 할 것이다.

말뫼의 구도심을 둘러보다 서점이 눈에 띄어 들어갔다. 미카엘 니에미의 책을 사고 싶었다. 그런데 얼른 책 제목이 생각나지 않았다. 서점의 안내 데스크로 가서 말을 더듬으며 물었다.

"마이클이던가, 미셸이던가. 아, 미안해요. 작가 이름과 제목이 정확히 기억나지 않는데 노란 책이고 되게 웃기는 책이라고 들었어요."

"아하, 잠깐 기다려봐요. 이 책을 말씀하시는 것 같은데요."

그녀는 노란색 표지가 선명한 *Populärmusik från Vittula*『로큰롤 보이즈』를 들고 왔다.

"맞아요! 감사합니다. 바로 이 책이에요."

"네. 작가는 미카엘 니에미예요."

점원이 알려주었다.

"제가 이틀 전에 이분을 만났어요. 니에미가 들려주는 재미난 이야기를 직접 들을 기회가 있었죠. 그래서 이 작가에게 흥미를 갖게 되었답니다. 제가 스웨덴어는 못 읽는데 혹시 영어로 된 책은 없나요?"

"잠시 기다려보세요."

그리고 검색을 하더니 이내 영어로 된 책은 이곳에 없다며 죄송하다고 말했다.

"미카엘 니에미는 베스트셀러 작가로 유명한 분입니다. 뵙기 힘든 분이죠"라며 끝까지 친절하게 대해주었다. 다시 다른 대형 서점을 찾아 가서 영어로 된 책을 찾았지만 그곳에서도 살 수 없었다.

말뫼의 옛 도심을 둘러보며 하루를 보낸 뒤 룬드로 돌아왔다. 도심을 즐기는 것은 피로도가 매우 높다.

오슬로 테러사건에 대하여

기차호스텔에 머물며 텔레비전이나 신문 그리고 인터넷을 즐기지 않았다. 그러다 누가 보고 두었는지 처참한 테러 장면이 실린 신문을 보았다. 노르웨이 오슬로 테러에 대한 뉴스였다. 테러에 대한 처참한 뉴스를 처음 보는 것은 아니다. 그러나 도대체 청소년들을 향해 무참하게 테러를 저지른 그는 정말 인간이란 말인가? 인간의 탈을 쓴 악마는 아닐까? 32세의 아네르스 베링 브레이비크^{Anders} Behring Breivik 는 극우주의자이자 기독교 근본주의자라 한다. 반反다 문화주의 활동을 했던 인물로서, 대한민국과 일본, 대만을 다문화 주의에 대해 부정적인 국가로 언급하며, 세 국가를 찬양하고 칭찬 하는 행보를 보여왔다. 그가 만나고 싶은 인물 중에 그가 반다문화 주의 국가로 칭찬한 대한민국의 이명박 대통령도 있다고 한다. 이 런 극악무도한 테러범이 반다문화주의 어쩌고 하며 한국을 지목한 것이다. 그런데 그는 그가 싫어하는 이주자에게 테러를 가한 것이 아니라 자국민인 어린 소년소녀들에게 테러를 가했다. 도대체 그는 왜 이런 끔찍한 일을 저질렀을까? 미소를 지으며 잡혀가는 그의 얼 굴을 보고 난 소름이 돋았다. 이 오슬로 사건을 통해 유럽은 물론 전 세계인들이 반다문화주의에 더욱더 관심을 갖게 되었다.

나 역시 유럽여행을 하며 반다문화주의에 대해 오래전부터 심각 하게 생각을 해본 적이 있다. 스웨덴 여행을 준비하면서도 밀려오 는 이민자들 특히 이슬람인들과 유럽인간의 불협화음이 불거지고 있음을 알았다. 유럽 전역이 앓고 있는 고민이기도 할 것이다. 자국 민의 인구 감소로 인해 발생하는 노동시장 개방문제와 이민정책이 유럽인들의 불만을 유발하고 있다. 외국인들이 자국에 들어오는 것 을 싫어하는 것이다. 왜 문화와 종교가 다른 외국인이 자국에 와서 사회를 어수선하게 하고, 정부는 이런 사람들을 위해 복지재정을 쓰고, 또 이를 위한 세금을 걷냐는 것이다. 최근 유럽 내에서 회교권 국가 출신 이민자들에 대한 비판이 심각하게 제기되고 있는 것도 같은 연유에서다.

바로 이러한 분위기를 타고 외국인 혐오를 강하게 표현하는 극우 세력들이 자라나고 있다. 스웨덴은 그나마 이런 이민자들이 늦게 도착한 나라다. 그러나 스웨덴도 외국인 이민자를 받아들이는 것과 이로 인해 발생하는 조세부담에도 반대하기 시작했다. 극우 정치인들에 대한 지지도가 날로 증가하는 것이 그 예다. 이는 오스트리아, 프랑스 등 많은 유럽국가에서 일어나는 현상이다.

스웨덴 여행을 준비하면서 이러한 사실을 알았고 스톡홀름이나 대도시에서 이곳으로 이주한 이슬람인들을 만났을 때 세심히 관찰해보았다. 다른 어떤 이주자들보다 눈에 띄는 이들이 이슬람인이기 때문이다. 스웨덴 대도시의 택시 기사는 아마 상당수 이슬람인들일 것이다. 외스테르순드에서다. 기차역에 줄지어 서 있던 택시 기사가 이슬람인들이었고 길을 걸으면서도 회교 여인들을 마주쳤다. 나는 브릿마리와 루스에게 이민 정책에 대해 어떻게 생각하는지 물었다.

스웨덴에서 다문화인들을 받아들이는 이민정책에 대해 그녀들은 신경 쓰지 않지만 주변에 불만스럽게 생각하는 사람들이 많은 것은 사실이라고 했다. 자국민들은 평생 많은 돈을 세금으로 내며 복지 혜택을 받는데 이주한 지 얼마 안 되는 이들에게 수혜가 돌아가는 복지제도 때문에 더 많은 세금을 내야 하는 것을 좋아할 리는 없을 것이다. 거기에 좀 밉살맞을 정도로 당당한 이슬람 이주자들의 태도가 이들에게 거부감을 느끼는 데 일조했을 것으로 본다. 서로 다른 종교와 문화! 소통하며 살 수는 없을까?

각자의 나라에 살면서 가끔씩 여행을 통해 서로의 문화를 바라볼 때는 소통도 되고 서로를 이해하기도 쉽다. 그러나 이민을 와 한 울타리에서 부딪히며 살게 되면 왜 융화가 되지 않는 걸까? 내가 오랫동안 내온 세금을 함께 나누어 써야 하기 때문에? 치사하다. 아님, 뭐 다른 모습이 거슬려서? 머릿수건 쓴 것이 답답해 보이거나 뚱뚱하고 거칠고 교양이 없어서라고? 그래, 이민 와서 힘들게 적응하고 사느라 좀 그렇다만, 차갑기가 북극 바람 같은 유럽인들은 따뜻한 미소 한번 아님 작은 친절 한번 제대로 베푼 적이 있었나? 이런 마음에서 시작돼 쌓인 불만들이 극우니 반이슬람이니 하며 서로 융화되지 않는 것은 아닐까?

난 학자도 아니고 정치인도 아니다. 평범한 아주머니 입장에서 생각하는 것이니 어쩌면 이해의 폭이 좁을 수도 있을 것이다. 손가락 다섯 개 길이가 다 다르고 요긴하게 쓰는 손가락도 다르지만 다섯 개 모두가 어울려 유용하게 쓰이듯이 좀 다른 인종, 피부색, 문화를 서로 인정하고 조금씩 양보하며 살면 안 될까? 지구촌이 한 가족이 될 날은 그렇게 멀기만 한 걸까? 난 뉴욕의 맨해튼이 좋다. 코스모폴리탄 같은 그곳은 전 세계인이 모여 마치 서로 다름을 뽐내듯 공존하며 살고 있어서다. 다양한 전통문화가 어우러져 새로운 문화를 만들어가고, 낯설지만 결코 어깨가 움츠러들지는 않는 분위기다. 빈부의 격차가 심하고 피부색도 다르고 너는 너이고 나는 나이지만, 그래도 우리가 되어서 열정적으로 사는 곳 같아서 맨해튼을 좋아한다.

노르웨이 오슬로 테러사건 후 극악한 폭력에 대해 비폭력으로 대처하는 노르웨이 사람들이 존경스럽다. 꽃과 초를 들고 조문하며 감정을 자제하는 사회적 분위기가 즉각적으로 눈에는 눈으로 이에는 이로 대처하는 다른 나라의 모습과 대조된다. 폭력은 더 큰 폭력을 부른다. 그러나 이성적인 생각보다 주먹이 앞서는 요즘 세상에 비폭력이 폭력과 증오를 종식시킬지는 모르는 일이다. 우리나라에도 동남아에서 밀려오는 이주 노동자로 인해 다문화 가정들이 급격하게 늘어나고 있다. 부디 우리의 울타리로 들어온 다문화 가족들을 관용과 인내와 배려로 품기를 바라는 마음이다.

룬드의 골목길을 거닐다

기차호스텔에서 하루 더 머물며 푹 쉬면서 반나절 코스로 룬드를 어슬렁거려보기로 했다. 되돌아보니 쿵스레덴을 거닐 때 날씨가 좋았다. 어쩌다 소나기가 내리기도 했지만 화창한 날이 대부분이었다. 이곳 남쪽에 내려와서는 매일 비가 내린다. 전체적으로 잿빛으로 꿀꿀한 날씨다. 자고 또 잠을 자도 기차호스텔 침대칸에 누워 뒹굴거리는 것이 지루하지 않았다. 7월인데도 오리털 파카를 입고 룬드 구경을 나갔다.

룬드는 작고 예쁜 대학의 도시다. 인구 약 10만 정도의 작고 오래된 도시인데 11세기 덴마크 국왕 크누트가 세운 유서 깊은 곳이기도 하다. 1103년에 세워진 룬드 대성당이 아직도 도시의 중심에 자리 잡고 있으며 이정표 역할을 하고 있다. 1666년에 설립된 룬드 대학교는 1477년에 세워진 웁살라 대학교에 이어 두 번째로 오래된 곳이지만 룬드 대학의 역사는 1438년까지 거슬러 올라간다고 하니 꽤나 오래되었다. 스칸디나비아 반도 최대의 교육기관 중 하나이며 세계 100대학으로 꼽히는 곳이라고 한다. 대학교는 룬드 대성당과 가까이 있는 룬다고드 공원에 본관이 있다. 1882년에 세워진 본관은 하얀 건물의 상층부에 날개 달린 스핑크스 네 쌍이 지키고 서 있는 모습이 인상적이다.

룬드 대학교 인근에 16세기 후반에 지어진 왕의 집^{kungshuset}이 있고 17세기 건물인 대학 도서관은 유달리 많은 유리창문만 빼고 넝쿨로 뒤덮여 있다. 여기저기 흩어진 대학 건물들을 구경한 뒤에 18세기에 지어진 멋진 중세의 집들이 늘어선 거리^{ADELGATAN}를 걸어다녔다. 19세기부터 향신료를 팔면서 장사를 시작했다는 작은 가게^{HÖKERIET}에 들어가 사탕도 사 먹으며 실내구경을 했다. 이렇게 어슬렁거리며 아름다운 룬드의 골목길을 돌아다녔다. 오늘 펼쳐질 공연을 위해 무대가 설치되는 룬드 인포메이션센터 앞 광장에 사람들이 오가며 기웃거린다.

비도 내리고 종일 잿빛 하늘 아래를 돌아다녔더니 으슬으슬 추워져서 기차호스텔로 돌아왔다. 나의 독방 침대칸에 돌아와 누우니

기분 좋게 나른한 잠이 밀려왔다. 잠에서 깨어 누가 나를 부르기라도 하듯 후다닥 침대칸 문을 열고 나와 긴 열차의 복도를 걷는데 정말 어디론가 기적을 울리며 떠나는 기차를 타고 있는 것 같은 착각이 들었다. 화장실과 샤워시설이 있는 객차의 긴 복도를 지나 탁구대가 놓인 안내 객차에 이르렀을 때 내가 기차 유스호스텔에 있음을 깨달았다. 꿈을 꾼 것도 아닌데. 나를 잠결에 튀어나오도록 한 것은 무얼까? 탁자에 앉아 잠시 생각해보는데 기차호스텔 여주인이 말을 건넸다.

"쿵스레덴을 걷고 왔다면서요? 나도 일부 구간을 걸었고 오두막 관리인도 해봤어요."

"아, 그러시군요?"

"겨울엔 말이에요. 특히 한겨울에 독일과 스위스 사람들이 사렉 국립공원으로 스키를 타러 오죠. 그런데 이곳의 한겨울 12~2월은 무지하게 춥습니다. 그때 산속의 작은 오두막들은 문을 닫아요. 그 추위에도 독일인과 스위스인들은 무지하게 많은 짐을 갖고 와 텐트를 치며 야영을 하겠다고 오죠. 그것도 성능 좋은 장비들이라 자랑을 하면서 말입니다. 그런데 이것은 위험한 일이에요. 바람이 매우 강하게 불고 동상이 걸릴 정도로 춥기 때문이죠. 살토루오크타의 마운틴 스테이션에 내가 머물 때 한 젊은 독일 소방관이 의기양양하게 들어왔어요. 그는 작년에 사렉 국립공원에 갔는데 강한 바람에 텐트가 날아가 야영에 실패해서 올해 재도전하기 위해 왔다고 했죠. 그다음 날 그는 사렉으로 떠났어요. 그리고 하루 만에 두려움에 가득 찬 얼굴로 돌아왔어요. 텐트가 순식간에 날아가고 장갑도 잃어버려 손이 동상에 걸려 온 거예요.

이러한 젊은이들이 독일인과 스위스인 중에 얼마나 많은데요. 좋은 장비 자랑하며 문제없다고 용기 내고 가지만 천만에요. 이들은 산자락에 위치한 마운틴 스테이션에서 3km도 채 안 떨어진 곳에서 길을 멈추고 텐트를 쳐 하루이틀 지내다 포기하고 돌아가죠. 쿵스레덴의 겨울을 즐기려면 3~4월이 제격이에요. 눈썰매, 스키, 스노모빌, 그리고 텐트 야영도 괜찮죠. 바보 같은 용기를 가질 필요는 없잖아요. 그리고 말이죠. 스웨덴 산의 물은 먹을 수 있어요. 깨끗하죠. 어떤 이들은 배낭에 물을 잔뜩 갖고 오는 경우도 있어요. 그리고 여러 가지 용품들을 마치 크리스마스 트리처럼 주렁주렁 매달고 다니죠. 그럴 필요 없어요. 간단한 식량들이 오두막에 다 있잖아요. 간단히 물만 부으면 되는 음식들이 여러 종류로 준비되어 있지요. 무겁게 짊어지고 다닐 필요가 없어요. 야영을 하더라도 오두막을 충분히 이용하면 짐도 줄고 좋을 텐데 말이죠."

"저는요. 어린아이들을 긴 장거리 도보여행에 데리고 오는 것을 자주 보았어요. 산티아고에서 그랬고 여기서도 보았죠. 그들은 모두 독일인이었답니다. 참 대단해요."

"제가 쿵스레덴에서 본 독일 가족은 초등학생 정도 되는 7~8세의 어린애를 데리고 왔는데요, 아이도 자신의 짐을 짊어지고 사흘째 걷고 있는 중이었어요. 아이니까 당연히 피곤하고 힘들고 무리죠. 애가 주저앉아 투덜거리니까 아빠가 어린애를 나무랐어요. 그 사람들은 애들을 강하게 대하고 그렇게 키워야 한다는 철학대로 하는 것 같았어요. 이 기차호스텔은 정말 낭만적인 숙소예요. 제가 기차여행을 좋아해요. 북미대륙을 종횡으로 누비고 다닐 만큼요. 한 권의 책으로 출판하기도 했죠."

"이 기차호스텔은 1983년에 시작했어요. 30여 년이 되어가죠. 그런데 내년 겨울이면 문을 닫는답니다. 무척 아쉽지만 이곳을 공원으로 사용한다고 하니 기차가 어디론가 떠나야 할 형편이에요. 아직 갈 곳을 정하지 못해 운영이 계속될지 불투명하답니다."

잠결에 내가 튀어나온 것은 바로 이런 이야기들을 듣기 위함인가보다. 열차 밖으로 나갔다. 하루 종일 내린 비는 밤에도 안개처럼 하염없이 내리고 있다. 실크처럼 부드러운 촉감의 비를 맞으며 서성거렸다. 객차에서 새어 나온 불빛은 어린 시절 꿈처럼 설레며 달콤했다. 내 생애 단 한번 바라보는 풍경이지 않을까? 그리움으로 간직할 밤이다.

쿵스레덴, 왕의 길을 내려오며

epilogue ■■■

구시가지 감라스탄을 가다

스톡홀름으로 돌아왔다. 이곳에서 이틀을 쉬고 서울로 간다. 서울에서 떠나올 때 이곳에서 함 교수, K와 모여 쿵스레덴 여정을 마친 파티를 하기로 했다. 자동차를 타고 여행을 즐겼던 함 교수와 K는 나보다 먼저 스톡홀름에 도착했고 돌아가는 비행 스케줄도 애초부터 나보다 하루 빨랐다. 두 사람은 서울로 바로 가는 것이 아니라 함 교수는 독일에 유학 중인 아들을 보러 가고 K는 파리로 돌아가 여행을 마친 뒤 귀국한다. 셋이 모여 파티는 못 하더라도 차는 마실 수 있었을 텐데 K는 나오지 못했고 함 교수만 나왔다. 두 사람의 여행 이야기와 나의 나머지 쿵스레덴의 여정에 대한 이야기를 나누었다.

함 교수는 하루 먼저 스톡홀름을 떠났다. 이제 스톡홀름을 잠시 즐기고 서울 갈 채비를 하련다. 스톡홀름은 예전에도 와서 이곳저곳 둘러보았던 곳이라 하루 일정이면 충분하다. 에스파냐 산티아고 길을 걸을 때다. 스톡홀름에서 오신 팔순이 넘은 첼리스트 뢰네를 팜 플로나에서 만나 함께 걸었고 대성당 앞 오브라이도 광장에 다다랐을 때 눈물로 도착의 기쁨을 나누었다. 그 후로 편지를 주고받으며 교분을 나누었는데 뢰네를 그의 부인과 함께 이곳 스톡홀름의 감라스탄 거리에서 만났던 적이 있다. 뢰네는 이메일를 쓰지 않아 직접 펜으로 편지를 써 보내주었는데 이번 여행을 오며 뢰네의 부인께 이메일을 보냈지만 브라질에 머물고 있어 아쉽게도 만날 수 없다는 소식을 들었다.

스톡홀름은 스칸디나비아 반도의 최대 도시이자 스웨덴의 수도다. 스칸디나비아 반도 동부 연안에 위치하며 발트 해와 스웨덴 내륙의 멜라렌 호수 사이에 있다. 도시의 서부는 멜라렌 호수와 이어지는 큰 강줄기를 끼고 있고, 동부는 다도해 형태로 발트 해와 만나고 있다. 총 14개 섬이 57개의 다리로 이어져 있어 북유럽의 베네치아라고도 불린다. 스톡홀름의 스톡stock은 통나무라는 뜻이고 홀름holm은 섬을 의미한다. 이 이름은 이곳을 발견한 사람들이 내륙에 있는 호수 멜라렌에서 통나무를 떠내려 보내 통나무가 닿는 곳에 도시를 짓기 시작했다는 전설에서 유래되었다고 한다. 스톡홀름 시민은 약 100만 명이고 이곳에서 우리가 잘 아는 대로 매년 노벨상 시상식이 열린다. 스톡홀름 여행자들은 유럽의 유명한 도시들을 거의 둘러보았을 때쯤 이곳을 찾아온다. 어쩌면 다른 유럽의 도시들보다 볼거리가 많지 않을지도 모른다. 좀 다른 점이 있다면 도시의 분위기가 깨끗하고 싸늘하며 차분하다는 것이다. 아마도 스톡홀름 사람들을 닮아서가 아닐까? 어쩜 나의 편견일지도 모르지만.

스톡홀름에는 수많은 박물관이 있고 문화예술 행사들도 많지만 짧은 일정의 여행자들이 제일 많이 찾아가는 곳은 구시가지 감라스 탄Gamla Stan이다. 작고 오래된 골목길을 따라 돌아다니면 르네상스 양식의 교회와 바로크 양식의 궁전, 중세의 광장 등이 나타난다. 그러나 거리를 찾는 이유는 무엇보다 골목마다 늘어선 고만고만한 가게를 둘러보는 즐거움 때문이 아닐까 싶다. 감라스탄을 잠시 둘러본 뒤 점심약속이 있어 스톡홀름 중앙역에 있는 가장 번화한 지역으로 왔다. 제일 먼저 책방을 찾아 미카엘 니에미의 노란책 영문판을 사려고 했는데 가는 곳마다 없었다.

언제부터인가 세계에서 손꼽히는 도시의 가장 좋은 상권의 중심에 우뚝 서 있는 브랜드가 있다. 세계 40개국에 매장 2,200개를 보유한 어쩜 지금은 그 이상으로 늘어났을 H&M 쇼핑센터가 바로 그것이다. H&M은 1947년 얼링 페르손Erling Persson이 창업한 스웨덴의 패스트패션 기업이다. 계절별로 상품을 기획하는 일반 의류업체와 달리 최신 트렌드를 재빨리 포착해 패스트푸드처럼 빠르게 생산해내는 것을 패스트패션이라고 부른다. 이런 패스트패션을 대표하는 브랜드로는 H&M 외에도 스페인의 자라ZARA, 미국의 갭GAP, 일본의 유니클로UNIQLO가 있다. 이 패스트패션 브랜드들은 매출의 90퍼센트 이상을 자국이 아닌 해외에서 벌어들인다.

스웨덴은 뉴욕이나 파리 못지않은 패션과 디자인 강국이다. 스스로도 말하기를 거만하고 차갑고 속내를 쉽게 드러내놓지 않는다는

스톡홀름은 스칸디나비아 반도의 최대 도시이자 스웨덴의 수도다.
14개 섬이 57개 다리로 이어져 있어 북유럽의 베네치아라고도 불린다.

스톡홀름에 온 여행자들이 제일 많이 찾아가는 곳은
구시가지 감라스탄이다. 이 거리를 찾는 가장 큰 이유는 골목마다 늘어선
고만고만한 가게를 둘러보는 즐거움 때문이다.

이들이다. 하지만 예쁘고 따뜻한 느낌을 주며 친절하고 세련된 디자인의 상품을 만들어낸다.

쿵스레덴을 되새김질하다

이번엔 가보지 않았지만 시간을 내어 스톡홀름을 찾는 여행자들에게 스웨덴의 민속촌과 같은 스칸센과 바사호 박물관을 추천하고 싶다. 바사호 박물관은 스톡홀름 중앙에서 좀 떨어져 있어 버스나 트램을 타고 가야 하는 유르고덴 섬에 있는 야외 박물관이다.

친구의 소개로 피크 퍼포먼스Peak Performance에 근무하는 마틴과 점심을 먹었다. 그는 스웨덴 최고의 아웃도어 브랜드에서 매니저로 일한다. 덕분에 점심식사 후에 그의 회사로 가서 내년도에 유럽에서 출시될 아웃도어 제품들을 볼 수 있었다. 그의 얘기로는 세계적으로 아웃도어 제품 시장이 넓어지고 있단다. 한국도 예외가 아니다. 우린 쿵스레덴에 대해 이야기를 나누었다. 그도 군대에 다녀온 후 쿵스레덴을 다녀왔기 때문에 나눌 이야기가 많았다. 뜨거운 사우나 후에 즐기는 호수에서의 수영은 처음으로 경험했다고 하니 북유럽 사람들은 어려서부터 즐기는 것이라고 한다. 도심을 벗어나 호숫가에 자작나무 사우나실을 만들어놓은 시골집에서 사우나를 즐기며 가족들과 낚시를 한다는 것이다. 사우나를 좋아하는 나에겐 부러운 이야기다.

마틴으로부터 의외의 초대를 받아 한껏 탐나는 아웃도어 제품을 둘러보고 돌아와 숙소 인근의 레스토랑에서 조용히 식사를 하며 이번 여행을 마무리해본다. 아이패드에 저장된 구글 지도를 꺼내보며 여행길을 되새김한다. 아비스코-아비스코야우레-알레스야우레-셀카-싱이-테우사야우레-바코타바레-살토루오크타-시토야우레-악츠에-포르테-크비크요크-요크모크-암마르네스-세르베스투간-테르나셰스투간-쉬테르스투간-비테르샬레트스투간-헤마반. 7월 1일부터 19일 동안 쿵스레덴 총 구간 430km에서 약 260km를 걸어왔다. 크비크요크에서 암마르네스에 이르는 구간을 걷는 일은 다음 기회로 미루었다. 서울에서 함께 왔던 친구들은 나름의 형편으로 도중에 길을 떠났지만 길에서 좋은 친구들을 만나 나의 여행은 더 풍요로워졌다. 깊은 숲 어디선가 야생의 짐승들이 튀어 나오지는 않을까 두려웠던 쿵스레덴이었다. 그러나 곰, 늑대, 여우 등은 보지 못했고 셀 수 없이 많은 크고 작은 새들과 야생화를 보았다. 쿵스레덴은 400여 종 새들의 보금자리다.

그렇게 보고 싶었던 순록은 감사하게도 쿵스레덴 마지막 숙소에서 볼 수 있었다. 쿵스레덴 길은 지리산 종주보다 편했다. 이곳을 걷는 여행자들의 평균 도보 속도는 시간당 3km였으며 나 역시 그 속도로 걸었다. 울퉁불퉁 돌길과 습지 또는 작은 냇물에 놓인 자작나무 길은 뽀얀 여인의 다리처럼 미끈했다. 그 자작나무 널빤지 길을 부지런하게 돌아다니는 야생 들쥐 레밍이 보고 싶다. 레밍과도 대화를 한다는 내 친구 루스와 브릿마리. 지저귀는 새처럼 늘 즐거운 마리아와 그의 가족. 오스나브뤼크의 두 여인과 매그너스가 벌써 그립다. 사람은 자기가 사는 곳의 자연을 닮는 것 같다.

스웨덴 사람들 역시 쿵스레덴의 산과 호수, 그곳에 가득한 기운을 닮았다. 차고 맑은 기운, 말없이 느껴지는 평화, 너무도 당당해 거만하게 보이는 기운 말이다. 그러나 그들은 친구가 되면 따뜻한 속내를 드러내놓으며 위로해준다.

쿵스레덴, 왕의 길! 광활한 대자연 사이로 불어오는 시원한 바람과 맑고 공활한 하늘, 전화도 되지 않고 전기도 들어오지 않는 오지의 깊은 골짜기에 작은 오두막을 지키는 관리인이 있는 한, 세계의 도보여행자들은 그곳을 찾아갈 것이다. 나는 고단한 발걸음을 내디디는 걸음걸음마다 조금씩 나를 비워가며 걸었다. 그 길을 걸으며 보낸 귀한 시간들을 영원히 잊지 못할 것이다. 나의 별칭인 카미노의 여왕답게 길의 여왕의 위엄을 갖고 힘든 일정을 잘 극복했기에 즐겁게 이 길 위에서 내려가련다.

스웨덴에 관해 못 다한 이야기

epilogue ■■

1980년대 KBS에서 방영된 「말괄량이 삐삐」를 보느라 텔레비전 앞에 바싹 붙어 앉았던 나의 두 딸은 스웨덴 하면 떠오르는 것으로 롱스타킹을 신은 말괄량이 삐삐를 꼽는다. 삐삐의 아빠는 먼 바다를 항해하는 배의 선장으로 딸과 떨어져 산다. 아빠는 삐삐에게 많은 금화를 줬다. 이 금화 때문에 도둑들은 삐삐의 집을 넘보지만 늘 골탕만 먹고 돌아선다. 삐삐는 금화가 있어 돈 걱정 없이 동네 아이들에게 사탕과 장난감을 사준다.

요즘 표현으로 삐삐는 있는 집 자식이다. 주근깨 다닥다닥한 얼굴에 빨간 머리를 양 갈래로 묶고는 무릎을 넘는 긴 양말과 커다란 구두를 신고 다닌다. 삐삐의 말에 따르면 엄마는 천국에 있다. 그녀는 뒤죽박죽 빌라에서 원숭이 한 마리와 아저씨라고 부르는 말 한 마리와 함께 지낸다. 학교도 안 다니고 천방지축으로 사는 그녀가 아이들에겐 정말 부러운 존재다. 이 말괄량이 삐삐를 보고 자란 아이들은 스웨덴 하면 삐삐가 생각날 것이다.

영화를 무척 좋아하는 이라면 스웨덴 출신의 그레타 가르보Greta Garbo가 떠오를 것이다. 나도 옛날 영화를 제법 즐겨 보았다. 내가 기억하는 그녀의 영화는 「여간첩 마타하리」와 「크리스티나 여왕」이다. 그중 「크리스티나 여왕」은 그녀의 모국인 스웨덴의 여왕이다. 물론 영화에서는 그레타 가르보 스타일의 로맨스를 버무려 비련의 여왕으로 묘사했지만 크리스티나 여왕은 부왕이 30년 전쟁 중 뤼첸 전투에서 사망하자 6세에 왕좌에 올라 28세의 젊은 나이에 왕위에서 스스로 물러난 대범한 인물이었다. 크리스티나 여왕은 아마추어 배우 역할을 즐길 정도로 연극과 발레에 관심을 기울였다고 한다. 스웨덴의 과학과 예술발전을 위해 많은 공헌을 한 뒤 그녀에게 정략결혼을 강요했던 사촌 칼 구스타브에 10세에게 왕위를 물려주고 도나 공작이 돼 세계를 놀라게 했다. 그레타 가르보는 환상적인 남장 여인으로 등장해 옛 영화를 감상하는 즐거움을 주었다.

스포츠를 좋아하는 이라면 겨울 스포츠에서 알파인 스키 종목으로 수많은 금메달을 딴 잉에마르 스텐마크가 떠오를 것이다. 알파인 스키에서 회전활강으로 86개의 메달을 획득한 전설적인 인물이다. 안야 페르손 역시 올림픽과 월드 챔피언십에서 여덟 개의 금메달을 포함 42번의 승리를 거둔 멋진 사미 혈통의 뛰어난 선수다. 자동차를 좋아한다면 볼보Volvo와 사브SAAB가 떠오르겠고, 그 유명한 노벨상을 주는 나라이니 다이너마이트를 발명한 노벨을 떠올릴 수도 있겠다.

스웨덴 상표 이케아IKEA도 유명하다. 뉴욕에서 처음 필요한 가구를 살 때 좋은 디자인과 저렴한 가격 그리고 직접 조립할 수 있다는 점이 매력적이어서 이케아 대형쇼핑센터를 갔다. 난 목공에 관심이 많았기에 이케아 스타일의 가구판매가 마음에 들었다. 디자인을 골라 직접 조립하는 재미가 쏠쏠했기 때문이다. 이케아는 다국적 기업인데 이케아의 디자인과 제품개발은 모두 스웨덴에서 한다. 1943년에 설립된 이케아는 설립자 이름 잉바르 캄프라드Ingvar Kamprad, 그가 자란 도시 엘름타뤼드Elmtaryd, 그리고 고향 아군나뤼드Agunnaryd의 약자를 모아 만든 것이다. 스웨덴에서 탄생했지만 다국적 기업이 되었다.

유럽 국가들은 전통적으로 대부분 왕실이 있어 로열 패밀리들의 이야기가 신문을 장식한다. 스웨덴 역시 입헌 군주국이라 왕이 있다. 현재는 칼 구스타프 16세가 국왕이며 그의 뒤를 이을 빅토리아 공주가 있다. 빅토리아 공주는 미국 예일 대학교에서 공부를 했으며 유엔, 유럽연합과 스웨덴 정부 등에서 일한 재원이다. 그런 그녀가 평범한 헬스클럽 트레이너와 교제를 했다. 남성판 신데렐라 이야기의 주인공은 다니엘 베스틀링이다. 그는 평범한 부모 밑에서 자랐다. 사진으로 보면 외모가 세련되거나 잘생긴 것도 아닌데 공주께서 무엇에 반하셨는지 궁금하다. 분명코 반대가 있었겠지만 칼 구스타프 16세의 현명한 결정으로 공주의 사랑 이야기는 세기의 로맨스가 되었다.

공주의 뜻이 받아들여지고 난 후 스웨덴 왕실에서는 몇 년에 걸쳐 다니엘 베스틀링에 관해 이미지 메이킹을 했다. 좀 지적이고 세련되게 말이다. 훗날 왕의 남편으로 공작의 작위를 받게 될 테니까. 이들은 스톡홀름 대성당에서 2010년 6월 19일 세계의 시선을 끌며 결혼식을 올렸다. 두 사람의 결혼식 장면이 담긴 사진들이 스웨덴 기념품 가게에 줄줄이 전시되어 있다. 찰스 황태자와 다이애나비의 모습이 담긴 상품들이 대단한 기념품이 되었던 것처럼 말이다.

스웨덴으로 입양 간 우리의 혈육들에 대한 이야기를 하지 않을 수 없다. 한국은 한때 입양 수출국이란 오명을 들었던 슬픈 과거가 있다. 나는 입양아의 성장 스토리 '수잔 브링크의 아리랑'을 기억한다. 수잔 브링크. 한국 이름 신유숙인 그녀는 1963년 태어나 1966년 스웨덴으로 입양되었다. 낯선 환경에서 오는 소외감과 친가족에 대한 그리움으로 힘들어하며 양부모의 학대 속에서 어렵게 살았다. 커서는 미혼모가 되어 자살기도를 하기도 했다. 그러나 그녀는 다시 힘을 내 스웨덴의 명문 웁살라 대학교에 입학했고 1989년 텔레비전 입양아 관련 특집프로그램을 통해 친어머니를 찾으면서 기나긴 방황을 끝내고 자아를 찾게 됐다.

난 그 당시에 프로그램을 보며 눈물을 많이 흘렸다. 이 프로그램은 많은 사람들에게 국외 입양문제에 대해 깊은 관심을 일으켰다. 수잔 브링크의 이야기는 최진실 씨가 수잔 브링크 역을 맡아 영화로도 개봉되었다. 그녀는 2009년 46세의 나이에 암으로 세상을 떠났다. 우리나라의 국외 입양은 1958년부터 시작됐으며 그 인원은 20만 명이 넘는다고 한다. 입양을 가장 많이 보낸 나라는 미국이고 이어서 프랑스, 스웨덴 순이며 덴마크, 노르웨이, 네덜란드, 벨기에가 뒤를 따른다. 아이를 입양 보내는 가정의 배경을 보면 미혼모가 가장 많고, 이어서 기아와 결손가정이다. 입양과 관련해 특이한 점은 국외 입양은 남자가 많고, 국내 입양은 여자가 훨씬 많다는 것이다. 스웨덴은 홀트아동복지회와 동방사회복지회를 통해서 한국의 많은 영유아들이 입양된 나라 가운데 하나다.

감사한 마음으로 스웨덴을 기억해야 할 것이 있다면 한국전쟁에 참여한 참전국이란 사실이다. 덴마크, 인도, 노르웨이, 이탈리아와 함께 스웨덴은 의료지원 참전국이다. 적십자 인력과 군인으로 이루어진 의사와 간호사 1,100명이 부산에서 야전병원을 세워 전쟁이 끝날 때까지 부상자들을 치료했다. 이를 기념하여 부산에 스웨덴 의무부대 참전비가 있다.

살토루오크타에서 만난 할아버지 레나르트는 내가 스웨덴이 참전국이란 것을 알고 있음을 흡족해했다. 그들에게는 자랑스러운 역사다. 어려운 시절 도움을 주었던 나라가 성장하는 것을 보는 것은 분명 기분 좋은 일일 것이다. 아마도 그러한 이유에서 어려운 한국의 어린이들을 더 많이 입양하게 되었는지도 모른다. 입양을 받아들인 나라들을 보면 모두 한국전에 참전하였던 나라다.

쿵스레덴을 향해 출발!

● 뚜벅뚜벅 쿵스레덴 느리게 걷기[＊]

● 쿵스레덴을 걷고자 하는 이에게

＊뚜벅뚜벅 쿵스레덴 느리게 걷기'에서는 쿵스레덴(전 구간: 430km)에 있는 숙소의 고도와 구간별 거리를 간략한
그래프로 표현하고 구체적인 숙박정보도 함께 정리했다. 사정상 크비크요크-암마르네스 구간(170km)은 답사하지
않아 상세한 정보를 싣지 못했다.

두부두부 쿵스레덴 느리게 걷기

아비스코→아비스코야우레
- 거리: 13km | 소요시간: 4~5시간
- 코스 난이도: 하
- 오두막: 3개 | 침대: 80개 | 가게, 카드사용, 개 동반가능
- 오두막 이용료(2/18~5/1): 260크로나 | 비회원+100크로나
 (6/17~7/15, 8/29~9/18): 390크로나 | 비회원+100크로나
 (7/16~8/28): 360크로나 | 비회원+100크로나
- 텐트 이용료: 무료(시설을 이용하지 않을 때) | 시설이용료: 80크로나

아비스코야우레→알레스야우레
- 거리: 22km | 소요시간: 7~10시간 | 코스 난이도: 상
- 오두막: 3개 | 침대: 80개 | 가게, 사우나, 카페, 카드사용, 개 동반가능
- 카페: 알레스야우레 숙소를 이용하지 않는 사람들이 들어와 커피와 간식을 사서 먹을 수 있다.
- 오두막 이용료(2/18~5/1): 290크로나 | 비회원+100크로나
 (6/17~7/15, 8/29~9/18): 320크로나 | 비회원+100크로나
 (7/16~8/28): 320크로나 | 비회원+100크로나
- 텐트 이용료: 무료 | 시설 이용료: 110크로나(사우나 있음)

알레스야우레→셰크티아
- 거리: 13km | 소요시간: 4~5시간
- 코스 난이도: 중
- 오두막: 1개 | 침대: 22개 | 카드사용, 개 동반가능
- 오두막 이용료(2/18~5/1): 260크로나 | 비회원+100크로나
 (6/17~7/15, 8/29~9/18): 290크로나 | 비회원+100크로나
 (7/16~8/28): 360크로나 | 비회원+100크로나

셰크티아→셀카
- 거리: 12km | 소요시간: 3~4시간 | 코스 난이도: 상
- 오두막: 3개 | 침대: 54개 | 가게, 사우나, 카드사용, 개 동반가능
- 오두막 이용료(2/18~5/1): 260크로나 | 비회원+100크로나
 (6/17~7/15, 8/29~9/18): 290크로나 | 비회원+100크로나
 (7/16~8/28): 360크로나 | 비회원+100크로나

아비스코 Abisko
아비스코야우레 Abiskojaure
알레스야우레 Alesjaure
셰크티아 Tjäktja

1350 m
1200
1050
900
750
600
450
300

5km 10 15 20 25 30 35 40 45 50 55

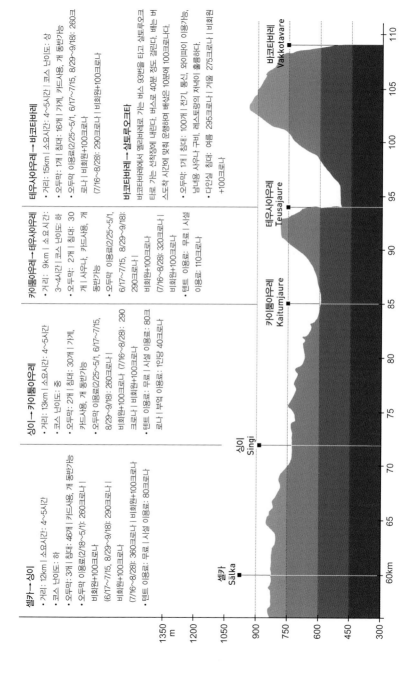

셀카 → 싱이
- 거리: 12km | 소요시간: 4~5시간
- 코스 난이도: 하
- 오두막 침대: 46개 | 가게, 개 동반가능
- 오두막 이용료(2/18~5/1): 260크로나 | 비회원+100크로나
 (6/17~7/15, 8/29~9/18): 290크로나 | 비회원+100크로나
 (7/16~8/28): 360크로나 | 비회원+100크로나
- 텐트 이용료: 무료 | 시설 이용료: 1인당 40크로나 | 부엌 이용료: 무료 | 시설 이용료: 80크로나

싱이 → 카이톨마우레
- 거리: 13km | 소요시간: 4~5시간
- 코스 난이도: 중
- 오두막 침대: 30개 | 가게, 카드사용, 개 동반가능
- 오두막 이용료(2/25~5/1, 6/17~7/15, 8/29~9/18): 260크로나 | 비회원+100크로나
 (7/16~8/28): 290크로나 | 비회원+100크로나
- 텐트 이용료: 무료 | 시설 이용료: 80크로나

카이툼아우레 → 테우사야우레
- 거리: 9km | 소요시간: 3~4시간 | 코스 난이도: 하
- 오두막 침대: 30개 | 사우나, 카드사용, 개 동반가능
- 오두막 이용료(2/25~5/1, 6/17~7/15, 8/29~9/18): 290크로나 | 비회원+100크로나
 (7/16~8/28): 320크로나 | 비회원+100크로나
- 텐트 이용료: 무료 시설 이용료: 110크로나

테우사야우레 → 바코타바레
- 거리: 15km | 소요시간: 4~5시간 | 코스 난이도: 상
- 오두막 침대: 16개 | 가게, 카드사용, 개 동반가능
- 오두막 이용료(2/25~5/1, 6/17~7/15, 8/29~9/18): 260크로나 | 비회원+100크로나
 (7/16~8/28): 290크로나 | 비회원+100크로나

바코타바레 → 살토루오크타
바코타바레에서 옐리바레로 가는 버스 93번을 타고 살토루오크타로 가는 선착장에 내린다. 버스로 40분 정도 걸린다. 배는 버스도착 시간에 맞춰 운행하며 배삯은 10분에 100크로나다.
- 오두막 침대: 100개 | 전기, 통신, 와이파이 이용가능, 남녀용 사우나 구비, 레스토랑의 저녁이 훌륭하다.
- 다인실 침대: 여름 295크로나 | 겨울 275크로나 | 비회원 +100크로나

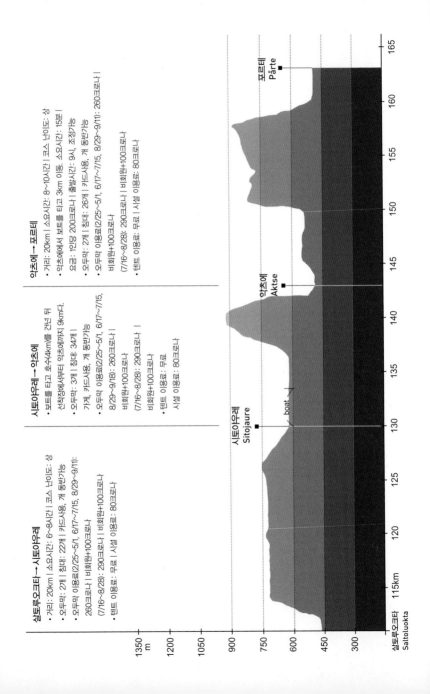

살투오크타 → 시토아우레
- 거리: 20km | 소요시간: 6~8시간 | 코스 난이도: 상
- 오두막: 2개 | 침대: 22개 | 카드사용, 개 동반가능
- 오두막 이용료(2/25~5/1, 6/17~7/15, 8/29~9/11): 260크로나 | 비회원세+100크로나
  (7/16~8/28): 290크로나 | 비회원세+100크로나
- 텐트 이용료: 무료 | 시설 이용료: 80크로나

시토아우레 → 악초에
- 보트를 타고 호수(4km)를 건넌 뒤 선착장에서부터 악초에까지 9km다.
- 오두막: 3개 | 침대: 34개 | 가게, 카드사용, 개 동반가능
- 오두막 이용료(2/25~5/1, 6/17~7/15, 8/29~9/18): 260크로나 | 비회원세+100크로나
  (7/16~8/28): 290크로나 | 비회원세+100크로나
- 텐트 이용료: 무료
- 시설 이용료: 80크로나

악초에 → 포르테
- 거리: 20km | 소요시간: 8~10시간 | 코스 난이도: 상
- 악초에에서 보트를 타고 3km 이동. 소요시간: 15분 |
- 요금: 1인당 200크로나 | 출발시간: 9시, 조정가능
- 오두막: 2개 | 침대: 26개 | 카드사용, 개 동반가능
- 오두막 이용료(2/25~5/1, 6/17~7/15, 8/29~9/11): 260크로나 |
  비회원세+100크로나
  (7/16~8/28): 290크로나 | 비회원세+100크로나
- 텐트 이용료: 무료 | 시설 이용료: 80크로나

시토아우레 Sitojaure

악초에 Aktse

포르테 Pårte

boat

살투오크타 Saltoluokta

포르테→크비크요크

· 거리: 16km | 소요시간: 5~6시간
· 코스 난이도: 중
· 오두막: 3개 | 침대: 68개 | 카드사용, 식당, 카페,
낚시, 보트 관광, 자전거, 인터넷, 장애인 시설, 사
위 시설, 사우나(사우나비 따로 받음), 개 동반가
능, 가이 대여, 드라이 룸, 여성 식당, 정비 대여
의 판매
· 오두막 이용료(성수기): 5T5크로나 이상, 1인실 |
775크로나 이상, 2인실 | 275크로나, 30인실 | 비회
원+100크로나 (비성수기): 5T5크로나 이상, 1인
실 | 775크로나 이상, 2인실 | 275크로나, 다인실 |
비회원+100크로나

크비크요크→트시엘레캬이카

크비크요크에서 보트를 타고 호수를 건넌다.
보트는 성수기에는 매일 운행되며 탑승시간은
20분 정도다.

보트에서 내려 전나무 숲과 늪지를 지나 오르
막길을 3km 걸으면 순록 우리에 도착한다. 곧
트시엘레캬이카 길이 나오며 다리를 건너면 오
두막에 도착한다.

트시엘레캬이카→이스토야브라시

트시엘레캬이카를 떠나 선등성이를 따라가다가 고아브다바크테(Goabddabakte
산을 오른다. 내리막길이 나오면 팔레샤카(Falesjahka 강을 따라 내려간다.
순록 울타리를 지나 길이 두 갈래로 나뉘지만 다시 합쳐진다. 작은 강줄을 지나 널
빤지 길을 따라가면 호수에 도착한다. 다리를 건너면 이스토야브라시 숙소에 도착
한다.

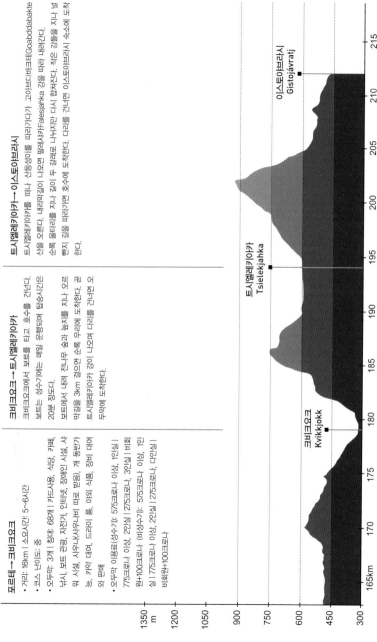

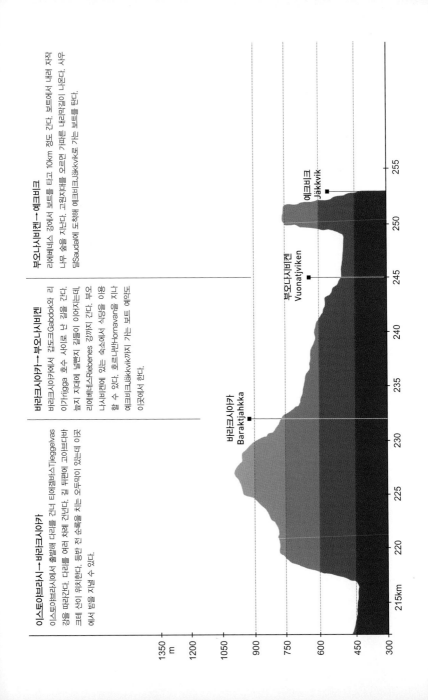

이스토아브라시→바라크시아카

이스토아브라시에서 출발해 다리를 건너 티에겔바스Tjieggelvas 강을 따라간다. 다리를 여러 차례 건넌다. 길 뒤편에 코이브네바크레 산이 위치한다. 등반 전 순록을 치는 오두막이 있는데 이곳에서 밤을 지낼 수 있다.

바라크시아카→부오나시비켄

바라크시아카에서 캄도크Gabdok와 리이카리gga 호수 사이로 난 길을 간다. 늪지 지대에 널빤지 길들이 이어지는데, 리에비베네스Riebenes 강까지 간다. 부오나시비켄에 있는 숙소에서 식량을 이용할 수 있다. 훔뢰나반Hornavan을 지나 에크비크Jäkkvik까지 가는 보트 예약도 이곳에서 한다.

부오나시비켄→에크비크

리에비베스 강에서 보트를 타고 10km 정도 간다. 보트에서 내려 자작나무 숲을 지난다. 고원지대를 오르면 가파른 내리막길이 나온다. 사우달Saudal에 도착해 에크비크Jäkkvik로 가는 보트를 탄다.

바라크시아카
Baraktjahkka

부오나시비켄
Vuonatjiviken

에크비크
Jäkkvik

1350 m
1200
1050
900
750
600
450
300

215km 220 225 230 235 240 245 250 255

에크비크 → 아돌프스트룀

에크비크에서 주차장을 벗어나면 자작나무 숲길이 이어진다. 길이 갈라지는 곳에서 오른쪽으로 간다. 피엘예카이세 산에 올라 길을 따라가다가 작은 시내에 놓인 다리를 지난다. 크고 작은 호수가 많지만 다리로 연결되어 건너기 무난하며, 자작나무와 첨엽수 지대를 이루어져 있다. 아돌프스트룀 숙소에서 강을 건너는 보트를 예약할 수 있다.

아돌프스트룀 → 시뇰틀레

아돌프스트룀에서 보트를 타고 8km 이동한다. 보트에서 내려 북쪽으로 굽은 강을 따라가다보면 강을 건너는 다리가 나온다. 자작나무 숲을 지난다. 수올로야우레(Suolojaure) 강 위쪽에 시뇰틀레 숙소가 있다.

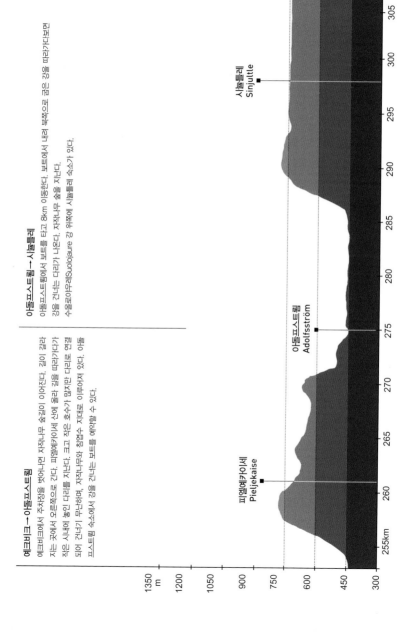

시룰퉤네→레브팔스스투간

홋수기를 따라 란다가 산등성이를 넘는다. 고원에서 베스테르보텐Västerbotten 구역을 벗어난다. 내리막길을 따라 란다가 다리를 건너 강을 넘고 다시 강을 따라 가 오르막길을 걸어 다리가 나오는데 그곳에 레브팔스스투간 오두막이 있다.

레브팔스스투간→암마르네스

레브팔스스투간 오두막에서 북서쪽 방향으로 간다. 자작나무 숲을 지나 언덕을 오른 후 남쪽 방향으로 걷는다. 산을 타고 란다가 내리막길을 따라 걸으면 길이 암마르네스 오두막에 도착한다.

- 방: 15개 | 침대: 58개 | 침대 사용료: 성인 180크로나 | 비회원+100크로나 | 어린이 100크로나
- 카드사용, 개 동반가능, 카페, 레스토랑, 사우나, 안내, 낚시장비 대여, 판매, 세미나실

암마르네스→세르베스투간

- 암마르네스 숙소→보트 선착장(9km, 이스플란트 길)→세르베스투간(14km)
- 보트 예약은 암마르네스 숙소에서 한다.
- 보트 탑승료: 40분 | 탑승거리: 12km
- 요금: 1인당 215크로나 | 2인 이상 출발

아이게르트스투간 숙소

- 오두막: 3개 | 침대: 30개 | 카드사용, 사우나, 개 동반가능, 가게 있음
- 오두막 이용료(3/4~5/1, 6/23~7/15, 8/29~9/18): 290크로나 | 비 회원+100크로나 (7/16~8/28): 320크로나 | 비회원+100크로나

세르베스투간 숙소

- 오두막: 2개 | 침대: 30개 | 카드사용, 아주 작은 가게, 개 동반가능
- 오두막 이용료(3/4~5/1, 6/23~7/15, 8/29~9/18): 260크로나 | 비 회원+100크로나 (7/16~8/28): 290크로나 | 비회원+100크로나

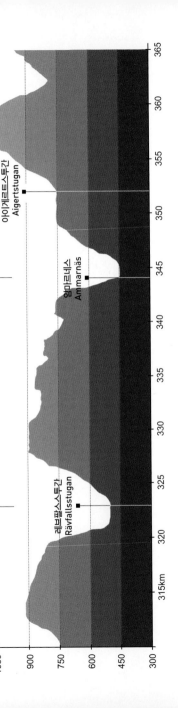

레브팔스스투간
Rävfallsstugan

암마르네스
Ammarnäs

아이게르트스투간
Aigertstugan

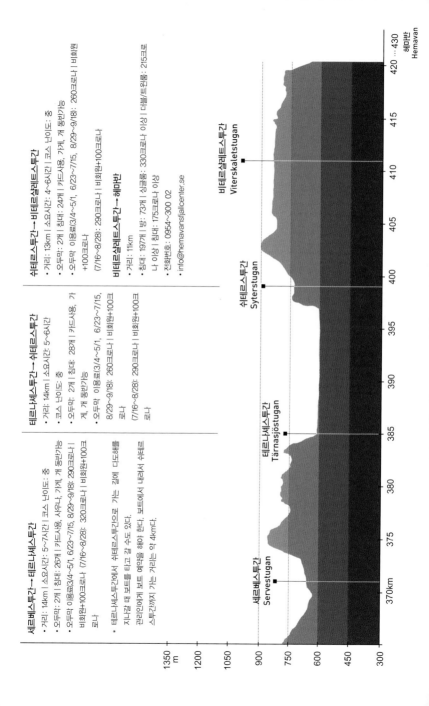

세르베스투간→테르나셰투간

- 거리: 14km | 소요시간: 5~7시간 | 코스 난이도: 중
- 오두막: 2개 | 침대: 26개 | 카드사용, 사우나, 가게, 개 동반가능
- 오두막 이용료(3/4~5/1, 6/23~7/15, 8/29~9/18): 290크로나 | 비회원+100크로나 (7/16~8/28): 320크로나 | 비회원+100크로나

* 테르나셰투간에서 쉬테르스투간으로 가는 길에 드도헤를 지나갈 때 보트를 타고 갈 수도 있다. 관리인에게 보트 예약을 해야 한다. 보트에서 내려서 쉬테르스투간까지 가는 거리는 약 4km다.

테르나셰투간→쉬테르스투간

- 거리: 14km | 소요시간: 5~6시간
- 코스 난이도: 중
- 오두막: 2개 | 침대: 28개 | 카드사용, 가게, 개 동반가능
- 오두막 이용료(3/4~5/1, 6/23~7/15, 8/29~9/18): 260크로나 | 비회원+100크로나 (7/16~8/28): 290크로나 | 비회원+100크로나

쉬테르스투간→비테르슐레트스투간

- 거리: 13km | 소요시간: 4~6시간 | 코스 난이도: 중
- 오두막: 2개 | 침대: 24개 | 카드사용, 가게, 개 동반가능
- 오두막 이용료(3/4~5/1, 6/23~7/15, 8/29~9/18): 260크로나 | 비회원+100크로나 (7/16~8/28): 290크로나 | 비회원+100크로나

비테르슐레트스투간→헤마반

- 거리: 11km
- 침대: 197개 | 방: 73개 | 싱글룸: 330크로나 이상 | 더블/트윈룸: 215크로나 이상 | 침대: 175크로나 이상
- 전화번호: 0954-300 02
- info@hemavansfjallcenter.se

세르베스투간
Servestugan

테르나셰투간
Tärnasjöstugan

쉬테르스투간
Syterstugan

비테르슐레트스투간
Viterskaletstugan

헤마반
Hemavan

1350 m | 1200 | 1050 | 900 | 750 | 600 | 450 | 300

370km | 375 | 380 | 385 | 390 | 395 | 400 | 405 | 410 | 415 | 420 ... 430

쿵스레덴을 걷고자 하는 이에게

쿵스레덴으로 가기 좋은 시기는

겨울을 즐기며 스키나 스노모빌을 타고 싶다면 2월 중순에서 5월 초가 좋고 여름과 짧은 가을을 즐기고 싶다면 6월 중순에서 9월 말을 추천한다.

- 참고 웹사이트 www.stfturist.se/kungsleden

편의시설

- 쿵스레덴 코스를 지나는 구간마다 침대가 딸린 통나무 오두막집이 있다.
- 마운틴 스테이션은 규모가 좀 큰 숙박시설로 레스토랑, 편리한 사우나와 목욕시설을 갖추고 있고, 식품, 아웃도어 용품, 기념품을 파는 가게가 있다. 와이파이도 서비스된다. 아비스코, 케브네카이세, 살토루오크타, 크비크요크, 암마르네스, 헤마반, 테르나뷔에 있는 숙소가 마운틴 스테이션이다.
- 작은 숙소들 역시 식료품을 파는 상점이 구비되어 있다. 사우나 시설이 있는 곳도 있지만 목욕시설은 특별히 없다.
- 모든 숙소에는 공용부엌이 있어서 각자 음식을 조리해 먹을 수 있도록 했다.

준비물에 대하여

- 1인용 텐트: 필수인 것은 아니나 쿵스레덴에서 벤츠라고 불린다.

- 침낭, 침구 시트커버: 오두막에 설치된 이불 사용시 필요하다.
- 배낭 60ℓ
- 방수 팩 60ℓ, 20ℓ
- 등산지팡이
- 등산화: 고어텍스 또는 가벼운 신발
- 옷: 긴 바지 입은 것 외 1벌, 긴 셔츠 입은 것 외 2벌 | 방풍 재킷 1벌 | 다운 재킷 1벌 | 양말 착용 외 2벌 | 속옷 착용 외 2벌 | 긴 면 스카프 1개 | 두건 1개 | 모자 1개 | 비옷
- 세면용품: 수건 1개 | 비누 | 치약 | 칫솔 | 자외선 차단크림 | 알로에 크림
- 약품: 진통제 | 지사제 | 소염제 | 밴드 | 맨소래담 | 무릎 보호대
- 기타 필요한 물품: 일인용 식기와 포크 | 젓가락 | 물통 | 칼 | 호루라기 | 라이터 | 휴대용 손전등 | 보온병(꼭 필요한 것은 아니지만 요긴하게 쓰임)
- 식사를 야외에서 해 먹는다면 보온병은 필요하지 않으며, 버너와 코펠이 필요함. 쿵스레덴의 오두막 가게에서 가스를 판매한다.
- 카메라 배터리는 충분히 갖고 가야 한다. 보통 4박 5일 정도 만에 충전할 곳을 만난다. 태양열 배터리는 약하다.

* 준비물이 많을수록 그대의 몸은 힘들 것이며, 여행은 즐겁지 않게 될 것이다.

STF에 대하여

STF는 스웨덴 관광협회Svenska Turistföreningen의 약자다. 1885년에 설립되어 2012년 현재 127년의 전통을 갖고 있다. 비영리를 목적으로 운영되며 거의 400여 곳의 유스호스텔 마운틴 스테이션과 산속의 오두막 그리고 호텔 등을 운영하는 스웨덴의 숙박업체 중 가장 큰 규모로 운영된다. 스웨덴의 깊은 산속은 물론 시골의 변두리, 바닷가, 큰 도시 어디서나 STF 숙소를 찾아 이용할 수 있다.

STF는 300,000명의 회원을 자랑하며 스웨덴에서 가장 인기 있는 협회로, 관광과 관련된 기반시설을 포함한 중요한 사항에 관한 문제를 스웨덴 정부와 함께 토론하고 정보를 공유하지만 정부와는 완전히 독립된 기관이다. 스웨덴의 여러 곳을 여행하려면 이 STF를 통해 정보를 얻고 숙박을 이용하는 것이 매우 유익하다. STF는 국제 유스호스텔연맹과도 협약을 맺었기 때문에 국내에서 유스호스텔회원에 가입한다면 그 증명서로 STF의 숙소를 이용할 수 있다.

• http://www.svenskaturistforeningen.se

스웨덴의 국철에 대하여

스웨덴 국철 SJ는 주로 남부를 중심으로 수많은 노선을 운행하고 있다. 사철에서 운행하는 열차편도 있다. 기차 예약은 필요 없다. 단 특정 좌석을 꼭 확보하고 싶을 때 예약을 통해 지정받을 수 있다. 좌석 예약은 35크로나를 추가 지불해야 한다. 예약은 2개월 전부터 기차 출발 직전까지 가능하다.

역에서 *Res Plus Tagtider*라는 책을 구하면 스웨덴 국철과 사철의 국내선은 물론 덴마크와 노르웨이 기차 시간표가 실려 있어 유용하다.

한국에서 SJ 홈페이지를 통해 e-티켓을 구입할 수 있다. 티켓 교환은 현지 매표소에서 한다. 현지에서 기차표를 구매할 경우 매표소 옆에 있는 기계에서 번호표를 뽑는다. 전광판에 번호가 나타나면 매표소로 가서 원하는 행선지와 시각 등을 말하면 된다.

• 번호표 기계 사용 방법

Inrikes resor	스웨덴 국내 열차 예매
Utrikes resor	스웨덴을 벗어난 국제 열차 예매
Upplevelsen	엔터테이먼트, 극장표 기타 등등 예매

지방에 있는 역은 직원이 없는 경우도 있다. 이 경우 자동발매기를 이용한다. 언어는 스웨덴어 외에 영어를 선택할 수도 있다. 신용카드 결제만 가능하다. 열차에 승차한 후에 검표 직원에게 직접 표를 구입할 수도 있다. 물론 표값은 정가보다 약간 비싸다.

• www.sj.se

버스에 대하여

기차의 2등칸보다 요금이 저렴해 점점 이용객이 늘어나고 있다고 한다. 버스는 대형으로 장거리 여행에도 큰 불편 없이 이용할 수 있다. 버스 터미널에서 안내책자를 구하면 요긴하게 쓸 수 있다.

• www.swebus.se (전국 노선망 안내)
• www.svenskabuss.se (전국 노선망 안내)
• www.ybuss.se (북부 노선망 안내)

단어를 통해 알아보는 스웨덴어

bákti, pakte / steep cliff / 가파른 절벽

cohkka, tjåkka / peak / 산꼭대기

eatnu, ätno / river, stream / 강, 시내

gálsi, kaise / steep high mountain / 가파르게 높은 산

Jávri, jaure / lake / 호수

johka, jåkka / stream, creek / 작은 시내, 샛강

luokta / bay / 만

vággi, vagge / valley, u-shaped valley / 계곡, u자형 계곡

오두막에서 자주 보는 스웨덴어

bastu / sauna / 사우나

butik / shop / 가게

rum / room / 방

kök / kitchen / 부엌

matsal / dining room / 식당

restaurang / restaurant / 레스토랑

Till sjön bastu / to the lake-sauna / 호수, 사우나 방향

Vatten / drink water / 먹을 수 있는 물

Slask / dirty water / 사용한 물을 버리는 곳

Tvätt / cleaning cloth / 빨래할 수 있는 곳

Ved / firewood / 장작

STF에서 운영하는 숙소 이용 안내

1. 게스트북에 이름을 기록한다(산길을 여행하는 여행자의 위치를 알리는 중요한 자료로 위급 상황에서 요긴하게 사용될 것이다).

2. STF 숙소에서는 자기의 뒷마무리를 직접 해야 한다.

3. 오두막집을 관리하는 관리인은 돈을 받고 잠자리를 배정하며 궁금한 점에 대해 기꺼이 답해줄 것이다.

4. 산으로 연료를 가지고 오는 것은 힘들며 많은 비용이 든다. 새들을 위해 불 피우는 일은 삼가야 한다.

5. 뒷마무리에는 자신의 설거지를 직접 하는 일도 포함된다.

6. 모든 일은 적합한 장소가 마련되어 있는데 나무를 패는 곳, 쓰레기를 버리는 곳, 물 받는 곳, 목욕하는 곳, 또 세탁실 등이 있다.

7. 옷을 말릴 때 난로에 가까이 널어놓는 것은 화재의 위험이 있다.

8. 석유난로는 야외에서만 쓸 수 있으며 실내에서는 보관만 가능하다.

9. 개를 동반할 시 요금이 부과되며, 지정된 곳에만 있을 수 있다.

10. 당일 손님과 야영하는 사람들은 오두막 집에 있는 침대를 제외한 모든 시설을 저녁 8시까지 이용할 수 있다.

11. 당일 손님은 최대 2시간 동안 머무를 수 있다.

12. 야영하는 사람들도 도착하는 날 두 시간과 그다음 날 두 시간 동안 오두막에 들어갈 수 있다.

13. 청소하는 것을 잊지 말라. 아침에 자신의 담요를 털어다놓아야 한다.

14. STF는 STF의 소유물을 여러분들이 사려 깊게 잘 다뤄주시길 바란다.

15. 만약 오두막집에 관리인이 없는 경우에는 다음 오두막집에서 비용을 지불하거나 우체국에서 우편으로 보낼 수 있다.

    주소: postal giro No. 517~3

16. 숙박 손님은 오전 11시까지 머무를 수 있다.

17. 모든 것이 정돈되고 깨끗한지에 대한 책임은 마지막으로 나오는 사람이 아니라 바로 당신이다.

쿵스레덴 오두막에 붙어 있던 안내문

산에서 급류를 건너는 것은 위험할 수 있다. 물의 깊이와 흐르는 물의 속도 그리고 무감각할 정도로 차가운 물은 위험요소다. 이러한 위험을 피하기 가장 좋은 방법은 이정표가 잘 표시된 등산로에서 벗어나지 않는 것이다. 이러한 등산로에는 안전하고 매우 간단하게 급류를 건널 수 있는 다리들이 있다.

만일 다리가 없는 곳에서 건너야 할 때에는 시냇물의 흐름을 살펴본 뒤에 시냇물의 폭이 넓고 잔잔하게 흐르는 곳에서 건널 것. 물길이 여러 갈래로 나뉘는 곳을 찾는 것이 이상적이다. 물길이 좁은 곳은 주로 물살이 세다.

높은 산의 얼음이나 눈 녹은 물이 흐르는 시냇물은 불안정하다. 때로는 물 바닥에 있는 큰 돌들이 구르는 소리가 들리기도 한다. 이런 곳을 건너는 것은 피해야 한다. 주로 폭넓은 시냇물이 호수로 흘러가는 곳은 좀더 수월하게 건너갈 수 있다. 물이 무릎 이상으로 깊다면 절대로 건너지 말 것.

절대로 맨발로 건너면 안 된다. 맨발로 걷는다면 발과 다리에 감각이 없어지며 이 때문에 쉽게 미끄러질 수 있다. 운동화를 신거나 등산화가 있다면 더 좋다. 거기에 발목 주위를 졸라맬 수 있는 방수 바지를 입으면 더 좋을 것이다.

지팡이 없이 절대로 물을 건너지 말 것! 급류 때문에 몸의 균형을 잡을 것이 필요하기 때문이다. 지팡이는 우리의 두 다리 외에 또 다른 든든한 다리 역할을 해주기 때문에 위험한 물을 건널 때 꼭 필요하다.

이렇게 요긴한 지팡이는 여행 중간에는 쉽게 구할 수 없으므로 시작할 때부터 갖고 가는 것이 좋다.

한 발씩 물살을 거스르며 사선으로 걸어야 한다. 물 밑을 똑바로 쳐다보면 안 된다. 어지러울 수 있기 때문이다. 돌멩이들 사이에 있는 깊은 틈과 흔들거리는 돌을 조심하시기 바란다.

한 번에 한 사람씩 건너길 바란다. 한 사람이 넘어지면 같이 넘어지기 때문에 서로 붙잡지 않는 것이 좋다. 너무 위험한 경우에는 뒤로 돌아가시기 바란다. 물을 건너는 것이 매우 위험하다고 생각될 때에는 뒤로 돌아가는 것이 현명하다.

만일 로프가 있다면 물가에 남은 사람과 물을 건너는 사람을 로프로 묶은 뒤에 물을 건너도록 한다. 한 사람이 물을 안전하게 건넌 뒤에 다시 그와 같은 방법으로 물을 건넌다. 매사에 안전을 우선으로 한다. 물을 얕보지 마시기 바란다.

장마철이 지난 후에는 강물이 넘칠 수 있고 기후가 따뜻할 때는 산에서 눈이 녹아 흐르기 때문에 물 수위가 높아져서 평소에는 괜찮던 곳도 건너는 것이 불가능해질 수 있다.

산에는 예상치 못한 장애물이 있으니 항상 위험에 대처하는 준비를 하시기 바란다. 때로는 하룻밤이 지나거나 수 시간 만에 물 수위가 내려간다. 급하게 건너는 것보다 기다리는 것이 좋다. 때로는 뒤돌아가는 것이 가장 좋은 선택이다.